Serverless 核心技术和大规模实践

ByteFaaS 函数计算团队 著

人民邮电出版社
北 京

图书在版编目（CIP）数据

Serverless核心技术和大规模实践 / ByteFaaS函数计算团队著. -- 北京 : 人民邮电出版社, 2023.1
ISBN 978-7-115-60529-0

Ⅰ. ①S… Ⅱ. ①B… Ⅲ. ①移动终端－应用程序－程序设计 Ⅳ. ①TN929.53

中国版本图书馆CIP数据核字(2022)第222792号

内 容 提 要

本书着眼于 Serverless 方向，重点介绍 FaaS 的架构和实现原理。本书从 Serverless 的理念和基础知识出发，介绍业内具有代表性的 Serverless 产品，进而引出字节跳动函数计算产品 ByteFaaS，并介绍 ByteFaaS 的基本能力和特点，以及整体架构等；详细介绍传统 FaaS 架构，包括 FaaS 控制面、FaaS 数据面、FaaS 运行时、FaaS 触发器、FaaS 弹性伸缩等核心组件的设计与实现；阐述 FaaS 助推 PaaS 演进的思路和技术实践，并延伸到 FaaS 轻量级函数与云边一体；介绍 Serverless 在字节跳动的落地实践和对 Serverless 未来的展望。

本书对 Serverless 领域的用户、开发者和架构师而言都是一本不错的参考图书，希望阅读本书可以激发读者拓展 Serverless 领域的热情，共同建设 Serverless 生态。

◆ 著　　　ByteFaaS 函数计算团队
　责任编辑　孙喆思
　责任印制　王　郁　胡　南

◆ 人民邮电出版社出版发行　　北京市丰台区成寿寺路 11 号
　邮编　100164　　电子邮件　315@ptpress.com.cn
　网址　https://www.ptpress.com.cn
　北京盛通印刷股份有限公司印刷

◆ 开本：800×1000　1/16
　印张：13　　　　　　　　2023 年 1 月第 1 版
　字数：218 千字　　　　　2024 年 12月北京第 6 次印刷

定价：79.80 元

读者服务热线：(010)81055410　印装质量热线：(010)81055316
反盗版热线：(010)81055315
广告经营许可证：京东市监广登字 20170147 号

前 言

云计算是把基础设施抽象成服务便捷地提供给使用方，开发者利用云计算提供的各种能力，组合之后用来支撑业务逻辑的表达。Serverless 进一步抽象，将所有服务器配置、维护、更新、扩展和容量规划都交由 Serverless 平台处理。Serverless 在字面上表达了“Server+Less”的理念，希望开发者逐渐不需要关注服务器，只需关注业务逻辑，以达到敏捷开发、高弹性、低成本的目标。

Serverless 理念结合业界实践，包含函数计算（FaaS）、特定应用 Serverless（BaaS）等产品形态，其中 FaaS 作为各个基础组件的“黏合剂”，支撑了 Serverless 的计算体系，是整个体系最重要的组成部分。字节跳动有大规模实践 FaaS 的经验，希望通过本书系统的分享，向读者展示字节跳动在 Serverless 领域的核心技术和大规模实践。

本书的内容组织

本书共 11 章，着眼于 Serverless 方向，重点介绍 FaaS 的架构和实现原理。我们建议读者先阅读前两章，了解相关背景，再开始学习 FaaS 的工作原理和系统实现。

- 第 1 章简要介绍 Serverless 基础概念和理念，列举 Serverless 技术特点、技术能力和应用场景。在阅读第 1 章时，读者可以结合日常的开发工作进行联想，形成对 Serverless 应用的初步认知。
- 第 2 章首先列举几个具备代表性的业界产品和开源项目，帮助读者感受不同产品的发展历程和侧重点；然后进一步引出字节跳动函数计算产品 ByteFaaS，并针对其架构和应用规模等做整体介绍，帮助读者具象地理解 Serverless 在实际场景中的落地形式。
- 第 3 章详细介绍 FaaS 控制面，包含多地区统一控制面、容灾设计、发布上线体系、可观测性以及开发体验等方面的内容。
- 第 4 章详细介绍 FaaS 数据面，从数据面整体架构出发，对函数实例管理、函数流量调度、函数冷启动优化、函数代码分发等方面展开介绍。
- 第 5 章详细介绍 FaaS 运行时，包括平台提供的函数运行时、函数运行时隔离技术以及函数运行时性能优化等方面的内容。
- 第 6 章详细介绍 FaaS 触发器，包括 HTTP 触发器、服务发现触发器、定时触发器等，并针对字节跳动应用规模非常大的 MQ 触发器场景进行重点介绍。

- 第 7 章详细介绍 FaaS 弹性伸缩，包括其策略设计、指标系统设计、系统的分片架构等内容。
- 第 8 章详细介绍 FaaS 助推 PaaS 演进，包括利用 FaaS 开发原生应用的解决方案、多协议支持、融入字节跳动微服务治理体系 ByteMesh 以及异步长任务支持等内容。
- 第 9 章详细介绍 FaaS 轻量级函数与云边一体，包括轻量级函数、WebAssembly 轻量级函数运行时、JavaScript 轻量级函数运行时、精简架构、云边架构、存储服务以及开发者工具方面的内容。
- 第 10 章介绍 Serverless 在字节跳动的落地实践，包括解决 Serverless 资源和性能的瓶颈、基于 Kubernetes 的云原生体系、利用高可用的触发器和自动扩缩容承载大规模消费场景、利用通用 Serverless 多协议支持 PaaS 演进、利用轻量级函数打造云边一体架构等方面的内容。第 10 章是对第 3 章到第 9 章所介绍的技术的具体实现的呼应。
- 第 11 章对 Serverless 进行展望，包括对规范标准、通用型 Serverless、云边一体等方面的畅想。希望读者在阅读第 11 章时会感到意犹未尽，因为 Serverless 体系的演进还在继续，我们期待与读者一起见证 Serverless 未来的发展。

本书的读者对象

本书对 Serverless 领域的用户、开发者和架构师而言都是一本不错的参考图书，希望阅读本书可以激发读者拓展 Serverless 领域的热情，共同建设 Serverless 生态。

致谢

感谢字节跳动基础架构函数计算团队全体成员的辛勤工作，支撑 FaaS 在字节跳动得以大规模落地，使得字节跳动的 FaaS 产品可以不断地被打磨、积累、沉淀。感谢本书的作者、字节跳动的技术运营人员、人民邮电出版社的工作人员，在大家的共同努力下，本书得以高质量地呈现给读者。

作者简介

杨华辉：字节跳动基础架构函数计算团队负责人，主要关注分布式系统、容器化、高可用、可扩展架构设计等领域，具备大规模系统的落地实践经验。

陈辉：就职于字节跳动 Serverless 团队，目前主要负责大规模二进制分发、异步任务、网关服务、控制面系统以及 FaaS 场景下服务网格生态等相关工作。

吴桂勇：就职于字节跳动 Serverless 团队，目前主要负责 FaaS 数据面架构、系统高可用方面的工作。

阎鑫：就职于字节跳动 Serverless 团队，目前主要负责字节跳动内部微服务上的 FaaS 方案推进和火山引擎 FaaS 类型产品的迭代。

李博：就职于字节跳动 Serverless 团队，目前主要负责 FaaS 平台侧、触发器、弹性伸缩方面的工作。

彭璟文：加入字节跳动以来，一直专注于 Serverless 领域，目前主要负责 FaaS 数据面架构、轻量级函数和云边一体方面的工作。

于童：入职字节跳动后，负责 CronJob 平台研发和 FaaS 平台研发，目前主要专注于边缘计算云边一体化、轻量级函数方向，负责整体稳定性和可用性相关工作。

目　录

第1章 Serverless基础知识

Serverless是从面向基础设施到面向应用的演进，本章将介绍Serverless的基础知识和应用场景。

1.1 Serverless基础概念

Serverless理念从狭义的解释逐步延伸出更广阔的含义，不过其中蕴含的技术特点有相对统一的共识。下面我们从Serverless理念出发，列举并阐述Serverless技术特点，进而引出在Serverless领域比较具象的FaaS（Function as a Service，函数即服务）、BaaS（Backend as a Service，后端即服务）的产品形态。

1.1.1 Serverless理念

Serverless的概念诞生已久，从2012年Serverless概念首次被提出，到2014年Amazon发布AWS Lambda产品实践Serverless架构模式，再到2018年Gartner将Serverless Computing列为十大未来影响基础设施和运维的技术趋势之一，业界基本认可了Serverless。回顾其10年的发展历程，各大云厂商相继推出Serverless的云产品，开源生态中Serverless的项目也崭露头角，从最初的概念定义到发展中的概念重塑，Serverless逐渐被赋予更加广阔的含义。

1.1.2　Serverless 技术特点

Serverless 在演进过程中催生了 Serverless 生态极致弹性、精益成本、快速交付的特性，能助力业务架构的迭代升级。与传统架构相比，Serverless 有如下特点。

1. 按需使用

Serverless 让用户不再关心底层基础设施的产生和管理，Serverless 平台会根据服务的实际流量创建计算和存储资源，当服务没有流量时，对应的资源会被自动回收，用户只需要对实际流量消耗的资源进行付费。这种按需使用和付费方式的转变，让整体的资源分配从计划模式走向按需分配模式，不仅让用户受益，也让 Serverless 平台的运营者可以充分地利用统一调度的优势，不断优化系统，最终达到资源使用效率最大化的目标。

2. 弹性伸缩

大多数计算产品根据应用负载和算力来进行扩缩容，而 Serverless 平台针对请求层面弹性伸缩，其粒度更细。Serverless 平台可以获取足够多的请求周边数据，如服务负载信息、请求延迟信息等，对应用实例进行横向和纵向的扩缩容。横向的扩缩容是对流量的反应，更多的流量意味着需要更多数量的实例来承载；纵向的扩缩容是对单个应用实例资源的调整，在单实例、多并发的场景下可以有效地减少应用碎片和额外的系统开销。在平台方收集足够的历史数据后，可以利用机器学习等方式，对流量进行预测来指导扩缩容，提前扩缩容的动作可以让应用实例更加从容地面对流量，减少冷启动请求的“毛刺”，从而使服务状态更加稳定。

3. 事件驱动

应用程序被托管在 Serverless 平台之上，开发者需要通过事件驱动（event driven）的方式来触发对应用程序的调用，Serverless 平台一般会提供各式各样的触发器，来联动打通各个基础架构组件。例如针对在线调用，Serverless 平台会提供一个网关触发器来承载业务流量。开发者可以轻而易举地接入特定的触发源，更深层次的用意是让 Serverless 平台有能力感知和控制流量的流入。对于流量的强管控，可以让 Serverless 平台进行一些并发的控制、限流、无流量的缩零、冷启动流量的实例拉起等操作。因此，事件驱动机制自然成为 Serverless 中新的计算范式。

4. 函数运行时

业内有一个说法："如果你的 PaaS 能够在 20ms 内启动实例并能运行 0.5s，就可以将其称为 Serverless。"这种说法比较直观，其底层逻辑是表达一种瞬生瞬灭的能力，即当服务实例可以在极短的时间内产生和消亡时，弹性伸缩就会达到极致的效果。快速启动的前提是，应用程序需要在"沙箱"中运行，在不同的应用场景中有不同等级的资源隔离需求，运行时沙箱需要足够轻量，以尽量减少服务运行时所需的系统开销，保证启动速度足够快。

运行时的分层体系如图 1-1 所示，从上至下，不同的语言会有相应的语言运行时（runtime），解释型语言的用户代码会在运行时被动态加载到各种语言提供的语言运行时中；编译型语言一般会提供一些代码包，一起编译、打包到用户的应用程序中。函数运行时的分层体系针对需要强隔离的场景，会使用轻量虚拟机方式进行隔离；针对私有云内部场景，为了减少虚拟机监控器（hypervisor）的消耗，会使用容器技术中常用的 cgroups 和 namespace 进行一些资源基础限制和隔离；针对一些极致轻量级场景，会利用进程沙箱机制，如 WebAssembly、V8 等技术来进行隔离，以在有限的接口表达和极致冷启动方面寻求最佳平衡。底层宿主机可以使用传统物理机，也可以使用裸金属方案达到底层资源的弹性、灵活供给。

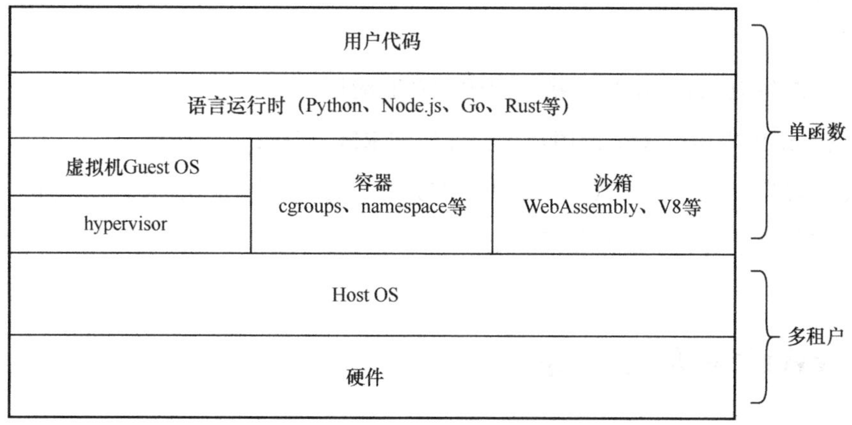

图 1-1　运行时的分层体系

1.2 Serverless 技术能力

Serverless 领域包含 FaaS 和 BaaS。BaaS 涵盖广义的第三方服务，例如经典的对象存储服务、数据库存储服务、缓存服务等。BaaS 不是本书介绍的重点，本书介绍的重点是 FaaS，FaaS 是 Serverless 领域中计算引擎的一个重要产品形态，其遵循服务函数化理念，支持一键创建和部署函数，能够屏蔽资源和运维细节，极大地降低开发者的开发和运维成本。本书将重点介绍 FaaS 的高可用架构和核心技术，从大规模落地实践出发，介绍触发器和弹性伸缩的实现原理，接着探讨以应用为中心的广义 Serverless 演进的技术突破，从云上的经典 FaaS 运行时到轻量级运行时，赋能云边一体的关键技术落地实践。

Serverless 以 FaaS 作为底层各个基础组件的“黏合剂”，对接消息队列、对象存储事件、数据库 binlog 等，高效完成事件处理领域的开发需求。Serverless 支持微服务体系、HTTP（hypertext transfer protocol，超文本传送协议）服务、RPC（remote procedure call，运程过程调用）服务、异步模式，支持 PaaS（Platform as a Service，平台即服务）到 FaaS 的演进。FaaS 产品主要提供的技术能力如下：

- 支持 Go、Python、Node.js、Rust、Java 等定义函数或者服务，提供依赖管理和部署发布的能力；
- 支持消息队列、对象存储触发器、数据库 binlog 触发器、定时触发器以及 HTTP 调用；
- 支持原生 HTTP，用户可搭建原生 HTTP 应用；
- 支持 gRPC/Thrift RPC，用户可搭建原生 RPC 应用；
- 支持轻量级运行时 WebAssembly、V8，以及配套的 Global KV、Local Cache 等存储产品，部署云端和边缘机房。

1.3 Serverless 应用场景

Serverless 透过比较成熟的 FaaS 产品展示和具体的技术能力，在行业内衍生出各种应用场景和最佳实践。Serverless 主要有如下应用场景。

1. 微服务

开发者可以使用 FaaS 产品提供的模板框架，填充业务的处理逻辑代码，轻而易举地开发和部署一个服务。通过 API（application programming interface，应用程序接口）网关（gateway）的形式原生支持在线流量的入口，可以完成微服务之间的调用。同时 FaaS 产品会提供原生的监控、日志、报警等功能，帮助开发者完成端到端的服务落地。值得一说的是，以上的微服务能力不仅包含 HTTP 框架类的应用，也涵盖主流 gRPC/Thrift RPC 等框架的应用，进一步扩展了微服务在 FaaS 产品上的表达能力。

2. 流式处理消息

在流式处理消息的场景中，一般会有消息队列产品作为中间件来缓存消息，所以消费消息队列是在日常开发中经常需要考虑的场景。针对各种消息队列产品，消费的逻辑可以被抽象成各类触发器，作为 FaaS 产品的事件触发源。用户就无须关心消费消息队列的复杂逻辑，特别是在多机房容灾、消费调度分配等场景，平台提供消费的托管型方案，用户只需关心处理数据的代码逻辑，然后 FaaS 产品自动扩缩容，以应对波峰、波谷场景，获得快速接入、敏捷开发、低成本和少运维的收益。

3. 视频编解码任务处理

视频文件一般存放在对象存储系统中，FaaS 产品提供的对象存储触发器，可以直接进行业务逻辑的联动，例如自动感知文件的新增事件，使用 FaaS 产品进行对应的业务逻辑处理加工，等等。视频编解码是典型的资源密集型短任务场景，函数计算可以控制单实例的并发处理，按需进行横向扩缩容，根据视频文件的流量来进行自动的资源供给，针对短任务的调度和运行是 FaaS 绝佳的应用场景之一。

4. 小程序开发

小程序开发是面向固定生态的开发模式，程序的鉴权、接入、存储、通知等功能基本上是标配。在 FaaS 产品上开发小程序生态，一般会内置周边生态的支持，提供 SDK（software development kit，软件开发工具包）对接各种常用 BaaS 产品，同时 FaaS 产品敏捷开发、快速发布的特点可以让小程序开发者迅速地把想法落地、快速迭代。如要进一步考虑后续小程序的上线运营、热点事件的流量不确定性，可以利用 Serverless 自动伸缩的能力，解放运维负担。因此，小程序开发也是 Serverless 的一个重要应用场景。

5. 批处理异步任务

视频编解码的短任务是适合 FaaS 产品的一个天然应用场景，一般短视频或者经过切片后的视频短任务处理时间比较短，可以使用传统的同步请求模式，但是不乏一些场景需要 FaaS 产品单个请求有更长的执行时间，并且用户希望能更简单地管理任务。通过 FaaS 产品异步任务的支持，用户只需要提交任务，已经提交的任务会在 FaaS 产品的内部系统中进行存储和排队，按照服务设置的节奏来进行分发处理。使用 FaaS 产品批处理异步任务，用户无须在 FaaS 之外维护额外的存储队列，可减少组件的运维负担。批处理异步任务一般具有瞬时提交的特点，其瞬间的波峰、波谷尤为明显，这也比较契合 Serverless 的能力特点。

6. 定时任务

定时任务也是一个日常开发中比较常见的场景需求，在 FaaS 产品中会使用定时任务，因为 FaaS 产品具有快速启动的特点，定时任务的时效可以得到更好的保障。另外，在一些对时效要求严苛的场景，系统可以在定时任务被触发之前，预先冷启动实例，如此触发时间的准确性就会得到更好的保障。

7. 边缘场景

FaaS 产品本身以轻量级、快速冷启动著称。在边缘场景中，FaaS 产品的典型特征是边缘机房资源相对中心机房而言明显受限，在有限的资源供给下，需要更加轻量的运行时来降低业务请求之外的系统消耗，同时边缘场景大部分是针对延迟敏感型应用进行优化的，需要整体轻量的架构和精简的请求链路来承载业务的请求，才可以达到毫秒级别的冷启动能力。针对边缘场景，以 WebAssembly、V8 作为运行时基础的精简架构，成为一个明显的趋势。在获得 Serverless 特性的基础上，追求更加极致的冷启动性能和降低系统开销，同时保证多租户的安全隔离能力，是边缘场景下 FaaS 产品的建设目标。

1.4 本章小结

本章从 Serverless 的理念出发，概述了 Serverless 的按需使用、弹性伸缩、事件驱动和函数运行时等技术特点，引出了比较主流的 FaaS、BaaS 的概念，本书之后的章节将以 FaaS 平台作为主要的介绍重心，对其架构和实现方面进行深入介绍。针对 Serverless 提供的技术能力，本章列举了 Serverless 的比较主流的几个应用场景并对其进行了说明，希望通过对这些应用场景的介绍，让读者有一些启发，引导读者进一步拓展 Serverless 的技术能力和应用边界。

第 2 章 业内概况

Serverless 领域诞生了诸多优秀的业界产品和开源项目，聚焦 FaaS 场景，本章将主要针对部分具备代表性的业界产品和开源项目进行介绍，并引出字节跳动 ByteFaaS 产品的相关介绍。

2.1 业界产品

Serverless 领域聚焦 FaaS 场景，相继推出了许多产品，本章不一一列举所有的公开产品，仅专注于几个具有代表性的产品进行介绍：经典 FaaS 领域作为行业“开创者”的 AWS Lambda；通过 Google App Engine、Google Cloud Run、Google Cloud Function 等多款产品协同布局的 Google Cloud Platform；针对轻量级场景下基于 V8 技术构建的 Cloudflare Workers；着力打造 WebAssembly 生态的 Fastly 的产品 Compute@Edge。它们都在 Serverless 领域持续发展，大放异彩。

2.1.1 AWS Lambda

AWS Lambda（以下简称 Lambda）是于 2014 年推出的首款商业函数计算产品，Lambda 定义了计算的表达形式，按调用量进行计费，并且涵盖多种触发器的支持，把 Serverless

的形态真切地展示给用户。Lambda 无疑是 Serverless 领域的一个“开创者”。即使经过多年的发展，现在 Lambda 仍然是一个蓬勃发展的优秀的 Serverless 产品。

作为 Serverless 领域的引领者之一，Lambda 为后续众多的 Serverless（FaaS）类计算产品奠定了雏形，很多早期产品方面的核心概念被继承至今，具体如下。

- 以函数为粒度的微服务划分：通过 Lambda 提供的运行时，用户只需编写核心业务逻辑，可极大地简化开发周期。尤其是 Lambda 和 API 网关的结合，定义了 Serverless 领域开发微服务的新范式。
- 事件驱动的计算模型：事件驱动的计算模型是 Lambda 可以高弹性伸缩的前提条件。基于这种计算模型的假设，Lambda 可以无负担地实现横向伸缩。
- 事件触发器：Lambda 实现了与 18 个 AWS（Amazon Web Services，亚马逊网络服务）内部服务的集成，作为各个服务组件之间的黏合剂帮助用户快速打通上下游复杂的业务逻辑。同时借助 AWS EventBridge 事件总线，Lambda 也实现了与 50 多种第三方事件源的整合。
- 基于并发的高弹性伸缩：Lambda 引入了基于并发的资源调度策略，同一时间一个函数实例只承载一个请求，并发请求数量的上限等同于函数实例的上限。虽然这种单一维度的调度策略并不完美，但这种策略易于理解，也不会受其他和业务逻辑强相关的因素影响。
- 真正 pay-as-you-go（按使用量计费）的计费模式：“请求+执行时间”的按量计费模式让“长尾服务”几乎零成本上云，很多在传统 PaaS 架构中不值得拆分的功能也可以通过微服务实现。

2.1.2 Google Cloud Platform

Google Cloud Platform（以下简称 GCP）作为传统公有云厂商，在 FaaS 场景于 2017 年发布了 Google Cloud Function 以跟随 AWS Lambda 事件触发类函数的步伐。此后，Google 公司在 Serverless 领域推出了 Google Cloud Run、Google App Engine 等多个公有云产品。在 GCP 的 Serverless 体系中，Google Cloud Funtion 主要用于处理事件触发类型的简单函数；

Google Cloud Run 为用户屏蔽 Kubernetes 的底层细节，支持用户直接以容器的形式部署应用，并同时享受 Serverless 带来的免运维及弹性伸缩等功能；而 Google App Engine 则注重在 Web 场景下多语言现代化应用框架的部署及托管。

2022 年 2 月，Google 公司发布了旗下新产品 Google Cloud Function Gen2。作为 Google 公司推出的新一代 FaaS 产品，Google Cloud Function Gen2 构建于 Google Cloud Run（基于开源项目 Knative）之上，基于 Google Cloud Run 的代码管理、代码构建、应用发布一体化的能力，加上基于不同运行时的专有框架，进一步弥补了 Google Cloud Function Gen1 的性能及功能限制。在 Google Cloud Function Gen2 中，所有函数将基于 Cloud Build 的能力预先进行函数的构建，被管理于 Artifact Registry 中，并最后以容器化的形式运行于 Google Cloud Run 之上。在各运行时框架中亦制定了特定的端口来监听事件的请求，并支持通过 Google Eventarc 对接 GCP 生态中的各类事件。通过 Google Cloud Run 加上不同运行时框架的思想，在保留 FaaS 本身简易、快速的开发体验的同时，进一步贴合云原生容器化部署的方式，以此给开发者提供更多的选择和更熟悉的开发体验。

2.1.3 Cloudflare Workers

Cloudflare 是一家专注于提供互联网接入侧解决方案的厂商，也是 CDN（content delivery network，内容分发网络）领域的“头号玩家”。为了给静态的 CDN 补充一些动态能力，Cloudflare 于 2018 年 3 月推出了自己的 Serverless 方案，即 Cloudflare Workers。无论是在应用场景还是在技术实现上，Cloudflare Workers 与 AWS Lambda 之类的函数计算产品都有着很大的不同。在应用场景上，Cloudflare Workers 主要针对低时延场景，目标是为用户提供与访问 CDN 静态资源速度媲美的函数访问速度。在技术实现上，一方面，Cloudflare Workers 在 CDN 节点上运行用户函数，以实现网络访问层面的低时延；另一方面，Cloudflare Workers 创新性地采用 V8 引擎（Google 公司开源的 JavaScript 引擎）作为函数运行时，在实现毫秒级别函数冷启动时延的同时，最大限度地降低系统资源开销。传统运行时架构与 Cloudflare Workers 运行时架构对比如图 2-1 所示，传统运行时架构中，每个函数实例在不同的进程中运行，而 Cloudflare Workers 在同一个进程中运行多个函数实例，采用 V8 Isolate（V8 引擎中的 JavaScript 虚拟机实例）来进行隔离。

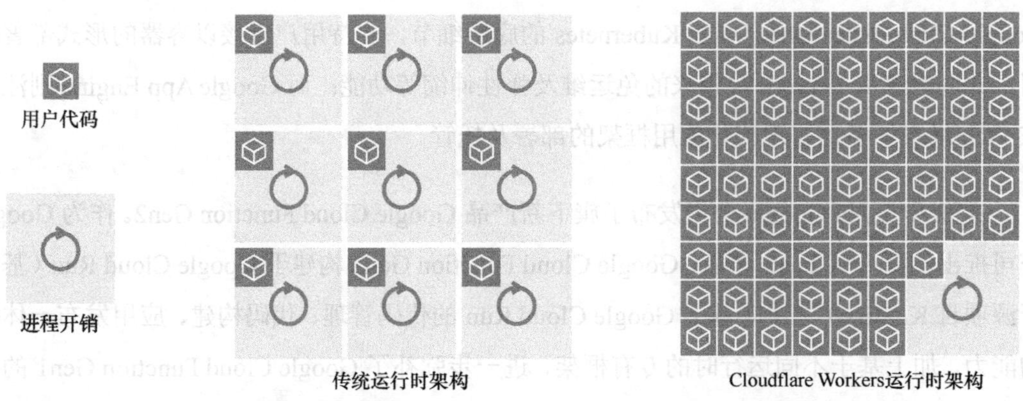

图 2-1 传统运行时架构与 Cloudflare Workers 运行时架构对比

Cloudflare Workers 让传统的以虚拟机作为隔离边界的计算运行时模型，演进为单进程内承载多租户的计算运行时模型，达到隔离性和经济性的最好权衡。然而极快的冷启动速度和极低的系统开销是有代价的，那就是牺牲代码的灵活性，用户仅能使用标准的 JavaScript API 和 Cloudflare Workers 所提供的 API 编写代码，也就意味着 Cloudflare Workers 仅可用于纯计算场景。但 Cloudflare 并没有止步于此，为了丰富 Cloudflare Workers 的应用场景，后续又推出了 Cache、KV、持久化对象（durable objects）3 种存储服务及相关 API。Cache 提供灵活操作 Cloudflare CDN Cache 的能力，支持用户在函数代码中进行读写缓存、设置缓存时间等操作，可满足用户复杂多样的缓存需求。KV 是一个低时延的支持全球同步的最终一致性存储服务，用户可在任意节点写数据，数据会被自动同步到全球其他节点上，适用于"读多写少"的场景，如配置分发。持久化对象提供低时延的强一致性存储服务，准确来说它是一个可编程存储（programmable storage），用户需要自己定义抽象存储类（class）和一系列数据访问方法（method），再通过自定义的数据访问方法来访问具体数据，最后持久化对象通过严格保证存储类单实例的方式，实现用户对存储数据的强一致性访问。

近几年，在不断完善产品和推出新功能的同时，Cloudflare 也在努力构建开发者生态，为用户提供详细的学习文档和丰富的代码库，加上 JavaScript 语言本身的学习门槛相对较低且生态丰富，使得 Cloudflare Workers 对开发者更加友好，开发者可以利用 Cloudflare Workers 迅速构建完全基于边缘的 JAMStack 应用（使用 JavaScript、API、Markdown 构建的 Web 应用，前后端松耦合）。

2.1.4 Compute@Edge

Fastly 是继 Cloudflare 之后，在 Serverless 轻量级解决方案领域的另一个新兴“玩家”。Fastly 于 2021 年正式发布了 Compute@Edge，该方案的主要特点是以 WebAssembly 作为运行时载体，支撑边缘云平台的运行。WebAssembly 是一种基于堆栈的虚拟机二进制指令格式，具有轻量、快速启动、安全、跨平台等特点，可满足 FaaS 在特定场景下对于运行时的需求。Compute@Edge 是基于 WebAssembly 打造的 Serverless 产品，其提供比基于 V8 的 Cloudflare Workers 更快的冷启动速度和更安全的执行环境，函数启动速度可达到毫秒级别。在函数能力支持上，Compute@Edge 与 Cloudflare Workers 比较类似，同样具备支持发送 HTTP 请求、支持操作 CDN 缓存、提供全球同步的最终一致性 KV 存储等能力。但在功能上，Fastly 没有 Cloudflare Workers 丰富，例如 Compute@Edge 不支持 WebSocket、没有提供类似持久化对象的强一致性存储等。

由于 WebAssembly 技术本身仍然不够成熟，并且 Fastly 在轻量级 Serverless 领域起步较晚，Fastly 在生态方面的投入和 Cloudflare 有较大差距，再加上 V8 对 JavaScript 生态有着很好的支持，总体在开发者体验上，Fastly 是追赶者。在 WebAssembly 技术发展方面，Fastly 与 Mozilla 等其他公司和机构一同成立了字节码联盟（Bytecode Alliance），积极参与标准制定和为开源做出贡献，共同推进 WebAssembly 技术的演进。

2.2 开源项目

在 Serverless 领域聚焦 FaaS 场景的开源项目也非常活跃，本章不逐一介绍所有相关项目，仅列举一些开源项目，并针对它们的突出特点进行介绍。

2.2.1 OpenFaaS

OpenFaaS 是一个发展比较久的 FaaS 开源项目，它在 GitHub 上获得了比较多的关注，它在运行时处理请求的模式方面做了较多探索。OpenFaaS 在业务容器中设计了一个 init 进程 watchdog，起初 watchdog 的工作机制类似于传统 CGI（common gateway interface，通用网关接口），每次处理一个请求时默认产生一个子进程，这针对非 HTTP 服务如 Bash 任务等单实例并发较少的场景没有问题，但是针对高并发的场景会有性能问题。

OpenFaaS 在传统的 watchdog 之后，推出了新的 init 进程 of-watchdog，提供了多种模式的支持，其中的 HTTP 模式，可以理解成一种反向代理的模式，业务的进程会以一个传统的 HTTP 服务器启动，of-watchdog 把接收到的请求代理到业务进程的 HTTP 服务器上，处理结束后再通过 of-watchdog 进程返回。这样的新设计可以继承传统微服务的优势，对比每次创建子进程的工作模式，可以在相同的资源消耗下获得更大的并发吞吐量、更好的内存使用效率，对接第三方服务可以更好地复用连接，更好地支撑高并发服务。

针对冷启动，OpenFaaS 在架构设计中有侧重，OpenFaaS 没有维护冷启动池然后按需加载业务代码这种机制，它希望保持只读模式的文件系统，容器载体被设计成不可变的单元来获得可预测的生命周期和获取最大程度的安全性。所以 OpenFaaS 在无流量情况下没有将函数实例数默认缩零，只是作为一个可选配置针对函数粒度进行开启，整体的冷启动数据流量期望通过最小的实例来进行承载，最大程度地规避拉起一个新实例所需要的资源调度、二进制拉取、进程启动、健康检测这些流程产生的巨大冷启动开销。

2.2.2　Fission

Fission 是从一开始就在 Kubernetes 上构建的 FaaS 开源项目，其把整体组件构建在当下云原生编排的事实标准 Kubernetes 之上，这样不仅可以获得 Kubernetes 提供的周边工具生态的便利，还可以和基于 Kubernetes 构建的微服务配合，最大程度地实现 Serverless 应用的价值。

除此之外，Fission 相比其他开源项目最突出的特点是冷启动比较快，简单函数的冷启动可以达到百毫秒级别。Fission 的做法是维护一个冷启动池，预先启动一些不带业务逻辑的容器实例，当一个特定函数需要冷启动时，从中挑选一个空闲容器实例加载对应的函数代码，避免了耗时较大的资源调度、镜像下载、容器启动等环节，显著地加速了冷启动过程。

2.2.3 Knative

Knative 是为 Serverless 应用提供构建、发布、运行和数据接入等全生命周期的解决方案，致力于填补 Kubernetes 在 Serverless 方向的空缺，希望开发者能更加便捷和高效地开发、运维 Serverless 应用。在应用描述方面，Knative 区别于经典 FaaS 函数的 handler 定义，它直接面向应用框架来定义 Serverless 任务，希望从经典的函数场景抽象到面向应用框架的场景，例如传统的 HTTP 服务框架可以直接使用 Knative 承载，为 FaaS 领域承接传统 PaaS 领域的应用提供了良好的参考，在获得 FaaS 领域传统优势的同时，减少了用户的迁移成本。

在如今 Serverless 产品和开源项目“百花齐放”的局面下，各个项目的接口标准和定义都存在一些差异，因此 Serverless 领域的标准定义显得尤为重要，它可以让应用开发者摆脱供应商绑定（Vendor Lock-In），在多云场景下灵活迁移。Knative 的关键目标之一是希望可以给 Serverless 应用定义标准，例如数据触发格式遵循 CloudEvents 标准，以及 Google 公司的云产品 Google Cloud Run 是“对齐”Knative 的标准 API 来进行建设的，Knative 在致力于推进 Serverless 标准化的道路上，迈出了坚实的一步。

2.3 字节跳动 ByteFaaS

前文介绍了 FaaS 领域的一些优秀的业界产品和开源项目，由于字节跳动在 FaaS 领域也有不少的建设实践，本节将整体介绍字节跳动 FaaS 产品 ByteFaaS 的基本能力和特点，以及整体架构和应用规模。

2.3.1 基本能力和特点

ByteFaaS 是字节跳动内部的函数计算平台，在产品形态上其与公有云厂商的 FaaS 产品比较相似，提供了如下基本能力。

- 函数的轻量化和快速启动能力，允许平台针对函数自动扩缩容，极致优化资源成本。

- 平台还提供各种常用的触发器，例如常用的消息队列（如 Kafka、RocketMQ）、事件总线、对象存储事件、定时触发器等，作为底层各个基础组件的黏合剂，开发者可以轻而易举地完成相关领域的开发任务。
- 在高可用方面，支持多机房容灾切换业务无感知、健全的熔断降级逻辑，让开发者远离运维，专注重点逻辑实现。

结合字节跳动内部的特殊性，ByteFaaS 还具备如下特点。

- ByteFaaS 在设计之初的一个核心目的是承载大规模消息队列的消费场景，所以其在架构上着重支持并发模式，追求在高并发场景下仍然可以保持比较低的资源消耗。
- ByteFaaS 的愿景之一是可以承载传统 PaaS 的微服务形态，所以其在架构上实现了对原生 HTTP 框架、RPC 框架、异步长时间执行任务、自定义镜像的支持，深度结合 Service Mesh（服务网络）生态，支持微服务使用 FaaS 平台进行开发、部署。
- ByteFaaS 不仅支持传统 FaaS 的能力，还扩展实现了轻量级方案，支持亚毫秒级别冷启动和云边一体部署方案。

2.3.2　整体架构

ByteFaaS 整体架构如图 2-2 所示，以某个大地区为例，ByteFaaS 整体会单元化部署在几个机房（FaaS 平台与抖音、电商以及其他字节跳动内部中台、基础架构组件共同部署在字节跳动国内外核心机房），不同的机房的服务结构基本对等，按照相应的接入层流量比例共同分担计算、存储、网络等负载，不同的机房形成互备的容灾体系。

从数据接入和数据来源的角度，触发形式基本可以分为如下几类。

- 负载均衡器（Load Balancer）的在线流量，例如前端调用、内部工具 API 调用等。
- 服务网格调用流量，一般是承载微服务之间的调用流量，ByteFaaS 支持服务网格的入流量和出流量，可以通过 ByteFaaS 建设微服务体系，构建网状的调用关系。
- 消息队列调用流量，承载字节跳动内部在线、离线消息队列的消息处理流量，同时作为底层通道承载数据库 binlog、对象存储事件等消息处理。

- 定时触发器调用流量，负责基于 ByteFaaS 构建的与定时触发器相关的调用流量。

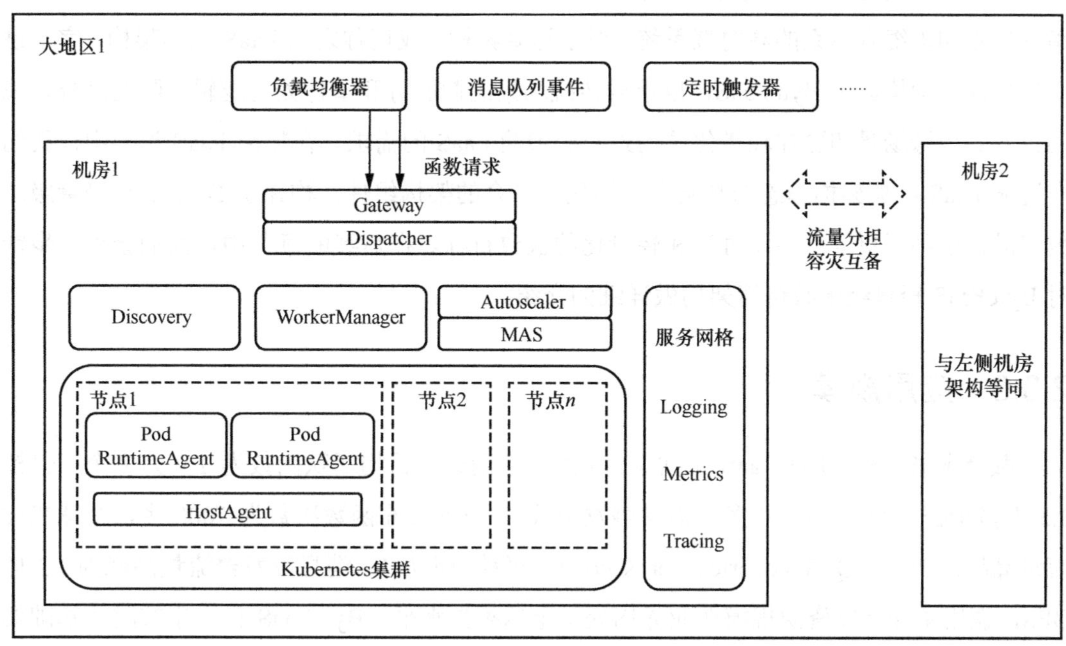

图 2-2　ByteFaaS 整体架构

对于以上这几类触发形式，ByteFaaS 在全球多地区、单地区多机房内构建了完备的控制面和数据面架构组件，本书后面将会对各个关键架构组件进行详细介绍，本章先对关键链路的组件进行简要介绍。

首先 ByteFaaS 是一个承载应用的平台，所以平台包含构建、发布组件，同时基于日志组件（Logging）、指标组件（Metrics）、链路追踪组件（Tracing）等建设了可观测性工具和面板。然后从流量调度方面，ByteFaaS 拥有网关组件（Gateway）和分发器组件（Dispatcher）针对流量和并发进行精细的计算和调度。ByteFaaS 遵循云原生理念，把整体架构组件构建在 Kubernetes 之上，分场景使用不同的轻量化运行时来承载用户的应用实体，Kubernetes 节点上有一个伴生进程组件（HostAgent），函数 Pod 内有一个伴生进程组件（RuntimeAgent）负责管理函数的生命周期、代理函数请求等。在 Kubernetes 周边为了满足 FaaS 严苛的冷启动低时延和高可靠的需求，打造了独立的服务发现组件（Discovery）、冷启动池组件

（WorkerManager）来保障服务的稳定性和高可用性。同时，FaaS 是一个自动扩缩容的系统，ByteFaaS 打造了独立的指标聚合存储组件（MAS）和弹性伸缩组件（Autoscaler）来构建指标体系和扩缩容体系的高内聚系统。对于这套架构，我们称之为 FaaS 经典架构，字节跳动依托此架构构建了 ByteFaaS，以承载传统场景的微服务和事件处理逻辑。除此之外，我们也看到边缘场景和更加轻量化的场景对于精简 FaaS 的需求，在精简 FaaS 设计中，我们在遵循 FaaS 经典架构理念的基础上，简化了多余的架构组件，构建了 ByteFaaS 轻量级函数产品，达到了更低冷启动时延和轻量化的极致目标。在后续的章节中，我们会进一步针对 ByteFaaS 轻量级函数精简架构做详细的介绍。

2.3.3　应用规模

截至本书完稿，ByteFaaS 上线了 10 万多个函数，日均活跃函数为 1.9 万多个（包括 1.3 万多个在线函数、6000 多个消息触发函数），日均发布函数次数为 7000 多，全球在线流量高峰为 70 万 QPS（queries per second，每秒查询数），消息触发器流量高峰为 1.2 亿 QPS，调用量和计算资源规模在业界均处于全球领先水平。ByteFaaS 作为字节跳动基础架构团队的重要产品，已经被广大业务方，如抖音、今日头条、教育产品等用于日常开发工作中。同时，ByteFaaS 作为中立计算提供方，供字节跳动内部的第三方平台，如 Node.js Serverless 平台、低代码 aPaaS 平台等进行集成依赖，更多的落地实践将在第 10 章做进一步的介绍。

2.4　本章小结

本章从 Serverless 出发，聚焦 FaaS 场景，列举了一些优秀的业界产品和开源项目，针对它们的突出特点进行了介绍；然后引出了字节跳动的产品 ByteFaaS，介绍了 ByteFaaS 的基本能力和特点，并阐述了其整体架构和应用规模，期望可以引发读者的思考和共鸣。

第 3 章

FaaS 控制面

FaaS 控制面架构涉及控制面系统的组件设计、多地区统一控制面、容灾设计、发布上线体系、可观测性功能支持等方面，其中多地区统一控制面及容灾设计包括单地区多机房容灾部署等内容。

控制面架构设计需要考虑系统的灵活性和可扩展性，尽量减少开发者的运维成本甚至免运维。组件设计要做到无状态、可扩展、可灰度、可回滚、可观测等，要避免出现任何单点问题，降低组件间的耦合程度，使各组件职能独立，可独立测试、部署。

3.1 控制面的整体架构

图 3-1 所示为控制面的简略架构，在全球化部署的背景下，全球包含多个独立地区，用户对各个地区的服务操作管理均在一个统一控制面中进行，我们称之为 Global 控制面。

Global 控制面负责管理的独立地区称为 Region，Global 控制面与其他地区之间的交互均是跨地区、跨机房的操作，在一个地区内各组件职能独立。接下来我们介绍控制面涉及的重要组件。

- FaaS Server 组件是控制面所有控制请求的流量入口，部署在 Global 控制面，包括服务的创建、修改、构建、发布、元数据查询等请求，同时与全局的存储服务交互，负责存储服务的数据和控制面的全局配置等信息。

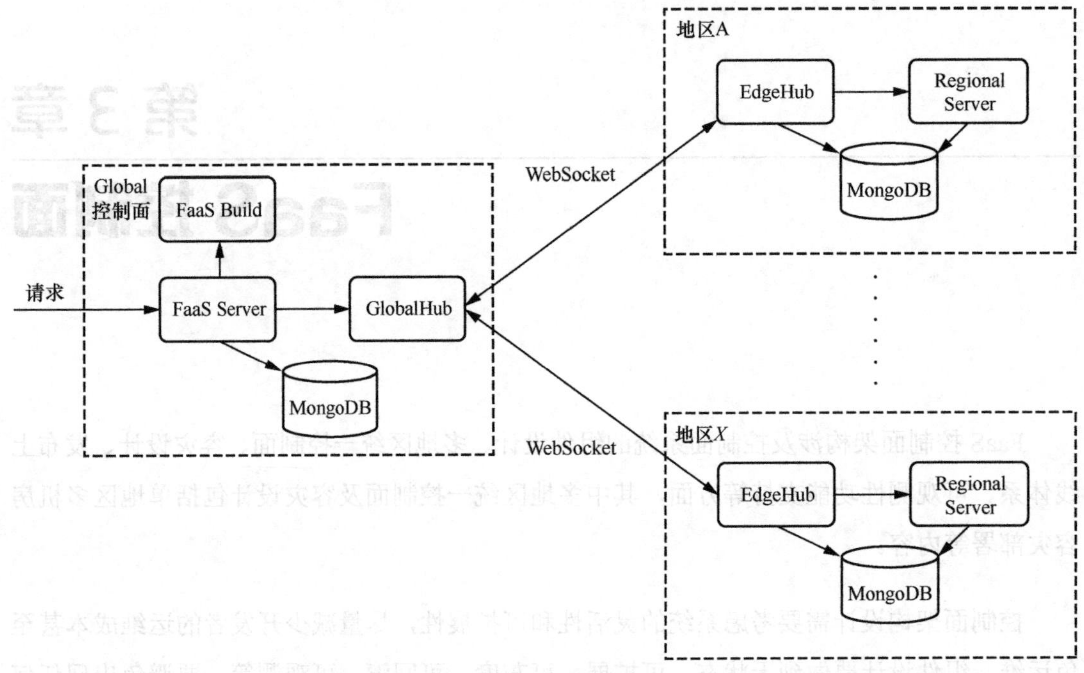

图 3-1　控制面的简略架构

- Regional Server 组件是一个地区的控制面流量入口，一个地区对应一个 Regional Server 组件，在地区内同样有一个对应的存储用于存储地区内的元数据。Regional Server 组件同时负责在地区内发布任务的实际执行，在发布过程中，由 Regional Server 组件与 Kubernetes 集群进行交互，涉及 Kubernetes Deployment 的创建和发布过程中 Deployment 的扩缩。
- GlobalHub 组件是 Global 控制面与各地区的流量转发入口，负责下载和管理函数代码、初始化函数实例、检查和上报函数实例的状态、收集函数实例的日志和监控数据等。
- EdgeHub 组件是一个地区的控制面流量的接收入口，负责与 GlobalHub 组件建立并保持 WebSocket 连接，将 HTTP 请求序列化和反序列化成特定数据格式，转发

Global 控制面和地区的消息。

- FaaS Build 组件主要负责函数代码的构建，包括代码的压缩、打包、预置缓存等，也会在编译的过程中安装用户定义的依赖。

3.2 多地区多机房部署

FaaS 平台的控制面系统针对单地区需要支持多机房容灾部署，针对全球多地区需要提供统一控制面，本节将针对如何构建高可用的控制面展开介绍。

3.2.1 单地区多机房容灾部署

一个地区（见图 2-2 中大地区）对应多个机房。用户部署以地区为粒度，FaaS 的控制面系统会自动将函数服务部署到多个机房，在大部分情况下用户不需要感知机房的区别。多机房部署的主要目的是解决容灾问题，容灾问题在业务和基础服务中都是不可忽视的。为此，FaaS 平台的控制面系统在基于多机房自动部署的基础上，不仅默认提供了地区级别的流量入口域名，还提供了机房级别的流量入口域名。

- 地区级别的流量入口域名：流量会随机命中地区内的某个机房。
- 机房级别的流量入口域名：各个机房域名不同，访问某个域名，流量会转发到对应的机房。

另外，FaaS 平台的控制面系统提供用户关闭机房并把流量转发到其他机房的能力，由用户来决定是否做机房流量的切换。如果用户将多个机房中的部分机房关闭，就会在网关层将流量导入其他开启的机房。这里涉及用户配置的下发实时性和稳定性，因为机房发生故障时，短时间内的损失是巨大的，需要尽可能快地通过配置下发进行流量切换。

网关层作为所有函数的在线流量入口，也需要从控制面获取函数的元信息（用于数据面鉴权、并发控制、数据流量容灾切换等）。在下发的方式上，参考社区网关层的实现，开源社区中 Kong 的配置下发就比较慢，主要原因是 Kong 基于 PostgreSQL、Cassandra 等关系数据库做配置存储，而两者均不支持监听变化的语义，需要经常进行轮询配置；

而 Apache APISIX 基于 etcd 做配置下发，天然支持监听变化语义，所以其配置下发更为实时。

为此，我们同样采用了推拉结合的方案，但与 Apache APISIX 不同的是，我们并没有采用 etcd（分布式键值对存储）做数据配置的全量存储方案，而采用了数据库存储，通过消息队列 NATS 主动推送的方案。NATS 是开源的、云原生的、性能非常优异的轻量级消息队列实现，具有良好的易用性。Gateway 实例启动时，会全量获取所有函数的配置，并在后续的更新中，由 Regional Server 组件通过 NATS 推送的方式增量更新配置，同时以一定的周期去轮询所有的配置，兼顾配置下发的稳定性。

3.2.2　多地区统一控制面

FaaS 平台支持在统一的控制面中将函数同时部署到多个地区，因此，FaaS Server 组件可能需要与多个 Regional Server 组件进行通信。对于中心机房内的访问，FaaS Server 组件可以直接通过 Regional Server 组件的域名或地址进行请求；而如果 Regional Server 组件部署在汇聚或者边缘机房，则不一定有可以直接访问的对外暴露的域名或地址。

一个简单的方案是由 Regional Server 组件向 FaaS Server 组件主动注册一个 WebSocket 连接，让 FaaS Server 组件可以通过该连接来向 Regional Server 组件发送请求，如图 3-2 所示。由于用户的请求可能发送到任意一个 FaaS Server 实例上，因此这个方案要求每个 FaaS Server 实例都与 Regional Server 组件保持连接，才能保证请求被成功传给 Regional Server 组件，而这一点在 FaaS Server 实例都隐藏于负载均衡器后面的情况下是难以保证的。另外，这个方案对 FaaS Server 组件和 Regional Server 组件的代码侵入比较大，它们都需要感知并管理 WebSocket 连接，以及负责 HTTP 请求和 WebSocket 消息之间的格式转换。

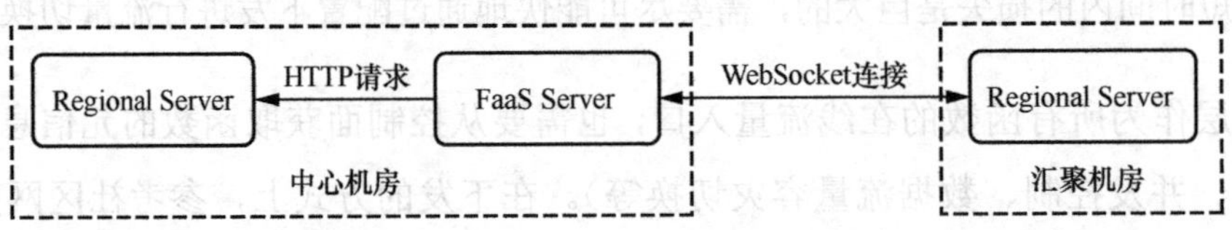

图 3-2　FaaS Server 组件与 Regional Server 组件通过 WebSocket 通信

因此，我们将消息通信的过程独立出来，把信道的建立和维持、请求的解析都交给专门的消息中间件来处理，以减少对 FaaS Server 组件和 Regional Server 组件的侵入，让跨机房的请求和同机房的情况对于 FaaS Server 组件的调用看来是无差别的。如图 3-3 所示，我们在中心机房引入一个 GlobalHub 组件，而在各个地区内部部署 EdgeHub 组件，它们共同构成 FaaS Server 组件到 Regional Server 组件之间的信道。

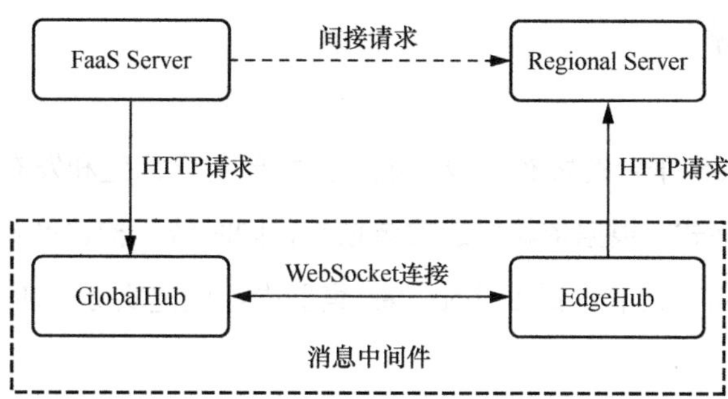

图 3-3　FaaS Server 组件与 Regional Server 组件通过消息中间件通信

其中，GlobalHub 组件负责将请求转换为 WebSocket 消息格式，并将其发送给 EdgeHub 组件。EdgeHub 组件则负责建立和 GlobalHub 组件之间的 WebSocket 连接，并在接收到消息之后将其解析成原始的 HTTP 请求格式，再转发给该地区的 Regional Server 组件，在请求结束之后再通过同样的信道把返回值传递回去即可。这就是 FaaS Server 组件到 Regional Server 组件之间的通信过程，该方案有如下优势。

- 代码侵入小：Regional Server 组件无须修改原本的逻辑代码就可以进行透明接入，只需提供原始的 HTTP 接口，不需要做任何改造，与同机房下的实现和请求方式一样；FaaS Server 组件请求 Regional Server 组件的方式与同机房下的几乎没有区别，只是多经过一层 GlobalHub 组件和 EdgeHub 组件信道的转发。
- 解耦：FaaS Server 和 Regional Server 功能组件与 GlobalHub 消息中间件解耦，可以相互独立开发和升级，而且可以把消息信道的相关细节收敛到消息中间件内部。
- 透明转发：GlobalHub 组件只是纯粹的消息通道，不需要感知请求内容，FaaS Server 组件和 Regional Server 组件的接口发生变动时，GlobalHub 组件不需要做任何改动。

- 重试代价小：消息成功发送到 EdgeHub 组件之后，如果某个 Regional Server 组件请求失败，可以在本地区内进行重试，无须再由 FaaS Server 组件发起跨地区请求。

通过 FaaS Server 组件和 Regional Server 组件之间的跨地区通信，就能实现在统一的 FaaS Server 组件控制面上，将用户的函数同时部署到多个地区，并进行统一的管理。

3.3　构建和发布

本节主要介绍 FaaS 平台的发布上线系统，其主要包含构建和发布两个过程，构建过程帮助用户转化代码包格式，根据依赖描述安装依赖，同时统一构建产物的存储位置；发布过程则主要将控制面的元信息下发到 Kubernetes 集群中，创建实际的 Kubernetes Deployment 来承载业务流量。

3.3.1　构建

用户代码变更之后，可以通过 OpenAPI 的方式将代码包上传到 FaaS 平台中，或者通过通用的二进制平台来进行构建和存储，并提供 FaaS 平台接入权限以便 FaaS 平台进行拉取。

用户代码在真正生效之前，需要先经历 FaaS 平台的构建过程，主要有以下两个原因。

- 能够统一代码打包的格式和存储的位置，便于二进制构建产物的分发和确保分发的稳定性。
- 在构建过程中可以对二进制构建产物进行预先缓存和提前分发，加速在容器启动过程中获取代码包的速度，进而优化容器和服务的启动时间。

代码的构建主要包括两种代码语言类型的构建，一种是解释型语言，包括 Node.js、Python 等；另一种是编译型语言，包括 Go、Rust 等。

对于解释型语言，如 Node.js、Python，FaaS 平台在构建过程中提供了下载依赖的能力，用户只需要在代码包中提供依赖描述文件。以 Node.js 为例，用户需要提供 package.json 文件，FaaS 平台会在构建过程中根据对应的依赖文件安装依赖，然后与用户业务代码一起打包上传到对象存储系统，用于后续发布、实例启动拉取使用。用户也可选择在代码包中带上依赖包，跳过 FaaS 平台安装依赖的过程。

对于编译型语言，由于用户会提供完整的编译后的二进制文件代码包，FaaS 平台在构建过程中会转化代码打包格式。例如将 Gzip 文件格式转化为 tar 文件格式，这主要考虑在计算机上解压代码实例的 CPU 共享，在并发下载并解压的情况下，如果是 Gzip 文件格式则会耗费较多 CPU 资源，解压时间会非常长，同时内网间网络带宽足够大、下载足够快，所以选择用带宽换取 CPU 资源的方式，即 tar 文件格式打包。

3.3.2 发布

发布是用户变更上线的一个过程。用户函数包含许多配置，包括请求超时时间、环境变量、代码包的包名、鉴权开启情况、资源规格等。用户对配置的每一次变更发布都会创建一个快照（snapshot），我们称之为版本。在实际的开发过程中，可通过创建版本来固定函数代码和配置内容、固定业务影响的变量。版本是固定的、不可更改的配置，这有利于用户实现回滚、追踪、对比等操作。用户可以随时查看历史版本，并对历史版本进行操作，同时允许针对每个版本绑定触发器，将触发器流量指向对应的版本。FaaS 平台在版本的基础上实现了灰度发布和单机房发布等功能。

发布过程中用户比较关注的功能是灰度发布，又称“金丝雀发布”，是将应用的旧版本 A 与新版本 B 同时部署在环境中，业务请求可能会被路由到版本 A 的后端上，也可能会被路由到版本 B 的后端上，用户可以自定义灰度发布策略，快速调整版本 A 和版本 B 的流量占比。灰度发布可以在发布新版本应用时，自定义控制新版本应用的流量比例，渐进式完成新版本应用的全量上线，最大限度地控制新版本发布带来的业务风险，降低故障带来的影响。

由于函数多地区部署的特点，系统将一次发布过程限制为单地区的发布，各地区之间部署完全独立。发布流程如图 3-4 所示，用户触发一次发布之后，发布请求会在 Global 控制面由 FaaS Server 组件生成一个发布记录并持久保存下来，然后发布记录会被 FaaS Server 组件通过 GlobalHub 组件、EdgeHub 组件传递到对应地区的 Regional Server 组件，Regional Server 组件会在地区的存储中保存一份相同的发布记录，然后由 Regional Server 组件根据发布记录进行发布进程的推进。目前公有云函数服务发布过程往往直接将新流量瞬时切到用户指定的新版本，这在独占模式、流量比较小的场景下比较容易做到，但由于函数服务本身流量规模很大，为了保障发布过程中服务的稳定性，需要支持用户以较慢的速度进行流量的滚动，所以我们在发布过程中，在让用户设置目标版本占用流量比例的同时，会让用户设置每次滚动的步长，表示一次推进流量滚动的比例。

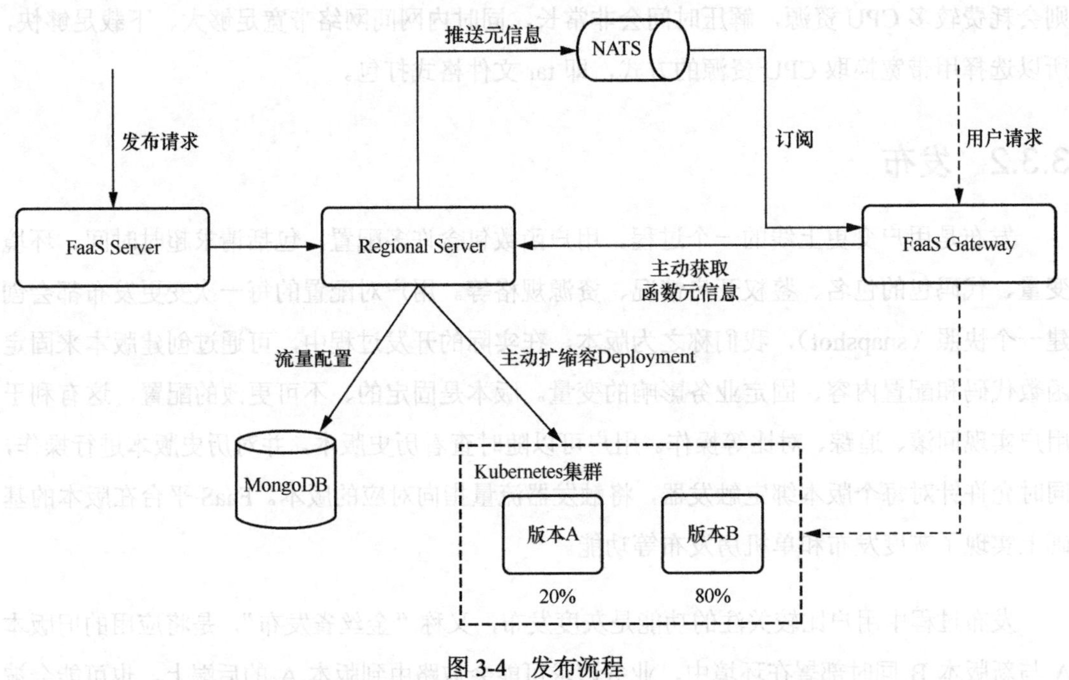

图 3-4 发布流程

具体到 Regional Server 组件的实现上，由于我们是基于 Kubernetes 进行容器调度的，我们采用多个 Deployment 的方式，通过在发布过程中实时计算新、旧 Deployment 占用实例的比例，然后主动进行 Deployment 的扩缩容，而不是依赖 Deployment 本身的滚动升级，这样可以做到随时将发布停止在一个状态下，使发布过程具有更大的灵活性和可控性。

FaaS 平台提供用户在发布过程中设置精确的流量配比的能力，例如用户可以通过设置新、旧版本的流量配比来进行小流量的灰度验证，在发布过程中，用户需要填写目标版本的流量比例，系统会自动将流量以一定的速度进行迁移（用户也可以控制迁移速度）。根据流量配比分配流量是由网关层决定的，为了做到根据流量配比精确地分配流量，同时不影响系统的稳定性，系统会确保在新版本实例准备完成的数量与流量比例持平的情况下才能将流量迁移，系统在确定两个版本的 Deployment 实例数量比例达到流量配比之后，会立刻将最新的流量配比信息通过 NATS 推送到网关层，由网关层根据最新的流量配比来分配流量。

单机房发布实际是用户在发布过程中从多个机房中选择一个机房进行流量的发布。单机房发布也是灰度发布的一部分，如前文所述，由于 FaaS 平台帮助用户接管了流量的入口，自动将服务部署到多个机房进行容灾，因此从机房部署和容灾的角度，在上线过程中需要做到单机房部署，进一步做到流量的精确控制和风险控制。在单机房部署过程中，用户同样可以从机房粒度来控制流量的灰度比例。在上线阶段，FaaS 系统也提供用户自动发布和手动发布两种选项。

3.4 可观测性

在构建应用程序时，了解应用程序如何运行是运维的一个重要部分，这包括有能力观测应用程序的内部调用，评估其性能并在发生问题时立即意识到问题，等等，这对于任何系统都是一种挑战，而对于由多个微服务组成的分布式系统更是如此。可观测性在生产环境中至关重要，且在开发期间很有用，可以帮助开发者了解瓶颈所在、提升系统性能并在整个微服务范围内进行基本的调试。

虽然可以从底层基础设施层收集有关应用程序的一些数据（如内存消耗、CPU 利用率等），但其他有意义的信息必须从应用程序层收集，例如用于显示一系列调用如何跨微服务执行的信息。这就要求开发者在业务代码中引入检测代码来从应用层面收集一些运行数据。通常，检测代码只是将收集的数据如链路追踪和指标等发送到外部监视工具或服务，由这些工具或服务来帮助存储、可视化和分析这些数据。

3.4.1 日志

日志的主要作用是记录程序在运行过程中发生的各种事件，通过这些记录来分析程序的行为，例如曾经调用过什么方法、曾经操作过哪些数据等。输出日志被认为是程序中最简单的调试方式之一，输出日志很容易，但收集和分析日志却可能会很复杂。面对成千上万的集群节点、面对迅速滚动的事件信息、面对数以 TB 计算的文本，传输与归集都并不简单。对大多数程序员来说，日志分析系统也许就是最常遇见的也是最具有实践可行性的“大数据系统”之一了。

函数服务进程日志收集和控制面系统日志收集对 FaaS 平台而言非常重要，我们将两者分类并分别称为用户日志和系统日志。

1. 用户日志

由于 FaaS 平台支持多种语言与运行时，用户输出日志的方式和 SDK 种类多样，一般是非结构化的文本，因此需要一种统一的方式来收集、展示用户的日志。FaaS 平台本身为用户接管了流量，在单实例内部，由于用户进程由 FaaS 的 RuntimeAgent 进程托管，因此我们采用收集用户进程标准输出 stdout 和标准错误输出 stderr 的方式来统一收集用户日志，然后将用户日志发送到 MQ（message queue，消息队列），由 Logstash 负责导入 Elasticsearch。ELK（Elasticsearch、Logstash、Kibana）日志系统的集成能很方便地帮助用户进行日志的索引、聚合和查询。

但同时由于函数服务流量规模非常巨大，所有日志被全部收集需要巨大的存储空间和网络带宽，这会造成较大的资源损耗，因此 FaaS 平台默认对服务日志进行限流，限流配置作为服务的一个默认配置，会下发到实例内部，RuntimeAgent 进程根据配置在收集过程中进行限流。同时，如果所有实例中 RuntimeAgent 进程都收集日志并且将日志输送到消息队列 Kafka，巨大的连接数将使 Kafka Broker 无法承受。因此，需要在发送之前就将日志聚合起来，减少客户端数量，进而减少客户端与 Kafka Broker 的连接数。

用户日志收集如图 3-5 所示，FaaS 平台通过在计算机上部署的系统服务 HostAgent 组件实现了日志聚合的能力，HostAgent 组件以 Kubernetes DaemonSet 方式部署在集群之中，计算机上所有实例中的 RuntimeAgent 进程会将日志主动发送到 HostAgent 组件，由 HostAgent 组件进行聚合后再发送到 MQ，这样与 MQ 的连接减少了两个量级，使 Kafka Broker 的压力大大减小。

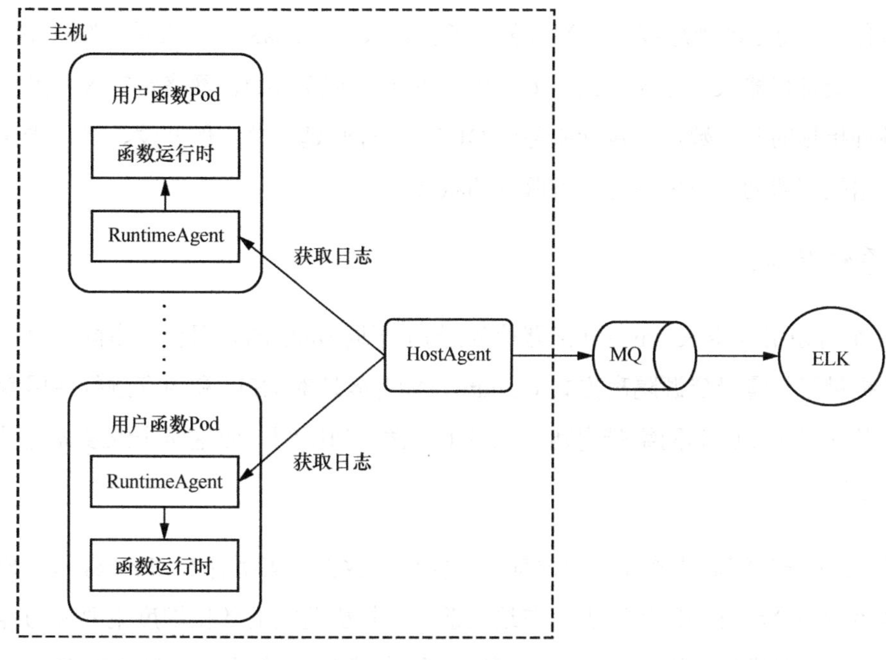

图 3-5 用户日志收集

2. 系统日志

系统日志主要用于 FaaS 平台的开发人员与运维人员进行服务的排查与问题定位。与用户日志收集类似，我们通过实现统一的日志收集 SDK，各控制面、数据面内部组件均统一集成SDK，SDK会自动将组件日志发送到Kafka并最终收集到ELK系统中，且提供OpenAPI和在线 Kibana 以查询使用方式。通过 SDK 收集的日志不需要通过 HostAgent 组件进行聚合，原因有两个，一是在大部分情况下系统组件实例数较少，其日志量与用户日志量相比少很多，不需要做日志限流，可以直接发送到 MQ 中而不会造成大量连接；二是为了隔离控制面组件和用户服务，我们将系统组件单独部署在特定的集群中，而不是部署在 FaaS 服务所在的 Kubernetes 集群之中，这样无法确保计算机中有 FaaS 系统的 HostAgent 组件，从而无法让日志流量通过 HostAgent 组件。

3.4.2 监控

指标的主要目的是监控（monitoring）和报警（alert），如某些指标达到风险阈值时则会触发事件，以便自动处理或者提醒服务管理员介入。从FaaS平台来看，监控数据主要分为两类，一类是容器状态监控数据，如CPU、内存、磁盘I/O、网络带宽等；另一类是服务本身各种指标的监控数据，包括服务的QPS、执行时延、单实例并发、执行错误等，这些监控数据能够帮助用户更好地了解服务的状态。

1. 系统层监控

FaaS平台使用容器containerd部署业务，基于不同runC的容器会共享同一台宿主机内核。内核提供了轻量级资源隔离方式cgroups，能有效地对CPU和内存进行使用量限制和监控，但其在磁盘I/O和网络带宽两个维度上未做任何限制，而这两个维度却是引发系统问题的重要因素。

目前FaaS平台容器的监控基于内部团队实现的数据采集组件SysProbe，通过SysProbe收集函数容器各个维度的监控数据。在这之前，计算机监控的数据维度主要分为容器维度和机器维度。容器维度使用cgroups作为数据源，机器维度采用/proc目录下由Kernel暴露的数据，但它们都不能很好地监控容器的磁盘I/O和网络带宽的实际情况。SysProbe利用Linux Kernel eBPF机制，实现了容器级别的非侵入式（业务无须改代码）系统监控，有效解决了上述问题。SysProbe能有效识别不同容器在各个资源维度的负载情况，可极大地提升系统问题的诊断效率。

2. 应用层监控

业务服务监控能够准确反映业务当前的负载情况和运行状态。FaaS平台构建了多维度的业务运行指标，包括QPS、执行时延、端到端时延、服务全局并发、单实例并发、执行错误等。其中由于流量的进入方式不一样，主要分为通过Gateway组件的流量、通过字节跳动的Mesh系统进入的流量以及MQ触发器的消费者（consumer）直接请求到函数实例的流量，指标的收集方式稍有不同。

在容器内部，除了业务Runtime进程，还会运行FaaS平台的RuntimeAgent进程，由RuntimeAgent进程负责Runtime进程的生命周期管理，具体实现会在第5章中做更详细的介绍。在大部分情况下流量均会通过RuntimeAgent进程并代理到Runtime进程，因此在

RuntimeAgent 进程内部能非常方便地进行业务服务指标的收集，例如收集单实例并发和执行时延等数据。

通过 Gateway 组件的流量，由于多了一层代理，FaaS 平台对流量的感知更强，除了执行时延，还收集了包括 Gateway 组件的端到端时延在内的指标。通过 Mesh 系统、MQ 触发器进入的流量，本身由函数服务的访问方以获取函数实例的路由来将流量直接命中到函数实例中，这部分监控数据由 RuntimeAgent 进程收集。

3.4.3 链路追踪

链路追踪在“单体系统时代”的范畴基本只局限于栈追踪，在调试程序时，在 IDE（integrated development environment，集成开发环境）中设置断点看到调用栈视图上的内容便是链路追踪。在“微服务时代”，追踪就不只局限于调用栈了，一个外部请求需要内部若干服务的联动响应，这时候完整的调用轨迹将跨越多个服务，同时包括服务间的网络传输信息与各个服务内部的调用栈信息，称之为分布式追踪（distributed tracing）。链路追踪的主要目的是排查故障，如分析调用链路的哪一部分、哪个方法出现错误或阻塞，输入输出是否符合预期，等等。

基于字节跳动内部的链路追踪系统 BytedTrace，FaaS 平台在 Runtime 进程为用户默认集成了链路追踪能力，通过连接 BytedTrace 的 SDK，在请求传递给用户之前，从请求中解析出上游传递的链路追踪相关信息，并注入用户函数的 handler 入口的 Context 中（用户函数 handler 及 Context 相关实现可参考第 5 章），同时用户访问下游也可从 Context 中获取链路追踪信息，通过 SDK 或者内部框架 Client 即可使用请求传递链路追踪信息到达下游，从而打通微服务链路追踪上下游。接入链路追踪后，在平台上用户可通过请求中的标识对请求调用链路进行查询，查看请求在不同服务和不同方法调用中的耗时。

3.5 开发体验

本节将对 FaaS 平台的开发体验进行介绍，主要对开发过程中涉及的开发工具、调试方式进行介绍，其中开发工具包括本地开发工具和接近原生 IDE 开发体验的在线开发环境 WebIDE。

3.5.1 ByteFaaS CLI

FaaS 平台为用户提供了用于本地调试、开发、部署、运维的工具 ByteFaaS CLI（command line interface，命令行界面），可运行在 Linux、macOS 等多个操作系统。通过 ByteFaaS CLI，用户可以很方便地在本地开发，例如一键将代码导出到本地，使用本地构建、调试、发布、日志查看等功能，具体如下：

```
 ~ bytefaas -help
 Manage your ByteFaaS functions from the command line
Usage:
  bytefaas [flags]
  bytefaas [command]
Available Commands:
  build          build product in container
  completion     Generates bash completion scripts
  debug          debug function in local
  deploy         Deploy function (deprecated, please use `bytefaas release` command to
                 deploy)
  downgrade      Downgrade bytefaas version (if in linux, please use `sudo bytefaas
                 downgrade`)
  help           Help about any command
  import         Import latest code
  info           Info of function
  invoke         Invoke function
  log            Log of function
  login          Login ByteFaaS
  logout         Logout ByteFaaS
  migrate        migrate function between regions
  new            Init a function in current dictionary
  playground     Run local code in WebAssembly/V8 playground with stream logs
  release        release function with rolling blue/green deployment
  remove         Remove function
  template       Operate the faas template
```

```
  timer            create, update, delete and get timer triggers
  upgrade          Upgrade bytefaas version (if in linux, please use `sudo bytefaas upgrade`)
  version          Print the version of bytefaas

Flags:
  -h, --help                help for bytefaas
  -i, --ignore-upgrade      Ignore the upgrade hint when new revision available
  -u, --upgrade-anyway      Alway auto upgrade the cli when new revision available

Use "bytefaas [command] --help" for more information about a command.
```

3.5.2 本地调试

用户开发完成之后，可通过 `bytefaas debug` 命令在本地代码目录一键启动调试容器来测试代码的运行情况。由于每个 Runtime 对应的镜像都是统一的基础镜像，我们通过此镜像来启动容器，然后将用户本地代码挂载到容器中，进而启动 Runtime 进程，加载用户代码执行的方式来模拟线上容器运行，同时用户可以改变启动参数以模拟在不同环境下的容器启动，方便进行调试。

另外，ByteFaaS CLI 同时支持 `bytefaas invoke` 命令来模拟不同的事件触发以进行调试，包括 HTTP、Timer、MQ、对象存储事件源事件等。以 HTTP 请求为例，调试方式如下：

```
$ bytefaas invoke -v
> POST / HTTP/1.1
> Host: xxxx
>
< HTTP/2.0 200 OK
< Content-Type: application/json
< Date: Wed, 25 Sep 2019 05:10:33 GMT
< Referrer-Policy: origin-when-cross-origin
< Server: nginx/1.14.2
< Server-Timing: inner; dur=4
< Vary: Accept-Encoding
< Vary: Accept-Encoding
< X-Bytefaas-Request-Id: 32f45db9-4620-40d4-924e-65dd8aaae0dc
```

```
<
{"message":"Hello world!"}
```

3.5.3　在线调试

FaaS 平台提供用户在线调试的能力，用户在前端修改代码之后，可直接在 Web 前端进行请求的模拟触发，如图 3-6 所示，之后会返回调试请求的函数执行时长、函数实例内存使用以及请求期间 CPU 消耗。

图 3-6　前端调试

另外，ByteFaaS 与 CloudIDE 团队合作，通过前端集成的方式，用户可在前端跳转至 CloudIDE 环境来进行开发。CloudIDE 是运行在浏览器中的 IDE，用户无须下载本地 IDE，打开浏览器就可以写代码，具有如下优点。

- 提供更强大的代码编辑能力，如代码高亮、自动补全、代码搜索等功能。
- 支持对 Node.js、Python、Go、Rust、Java 代码进行断点调试，提供更易用的 UI（user interface，用户界面）。
- 自动保存代码，不用担心代码丢失。
- 支持通过 ByteFaaS CLI 打开本地 CloudIDE 环境（后台运行在本地），本地 CLI 打开 IDE 与 FaaS Web 平台打开 IDE 的体验一致，均支持在 IDE 中完成开发、调试、测试、发布一站式流程。

由于函数运行时层由 FaaS 平台实现，为用户屏蔽了较多细节，因此 FaaS 函数开发断点调试显得更为重要。编程语言是用调试器（debugger）进行调试的，通常每个 IDE 或编辑器（editor）都要根据各种语言自行开发对应的语言调试器和调试适配器，而这些语言调试器都使用不同的接口，完全无法复用，造成各大 IDE 开发成本过高的问题，如图 3-7 所示。

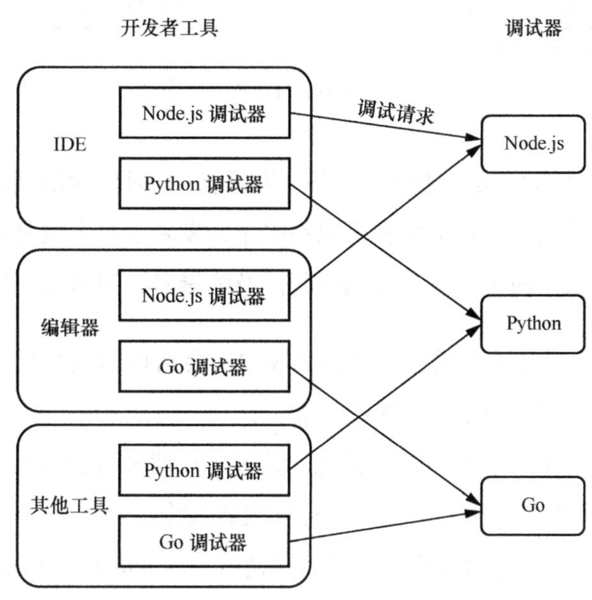

图 3-7 开发者工具需对接每一种语言调试器

为了解决这个问题，微软公司基于 Visual Studio 调试器接口抽象出一套 DAP（debug adapter protocol，调试适配器协议），该协议规定了一套通用的 API，让 IDE 或编辑器通过相同的协议与调试器通信。

DAP 背后的思路是抽象开发工具的调试支持与调试器或运行时通信协议的方式。现有的调试器想要快速实现这套协议是不现实的，更合理的方式是去实现调试的中间层，即调试适配器，使现有的调试器去适应 DAP。DAP 如图 3-8 所示。

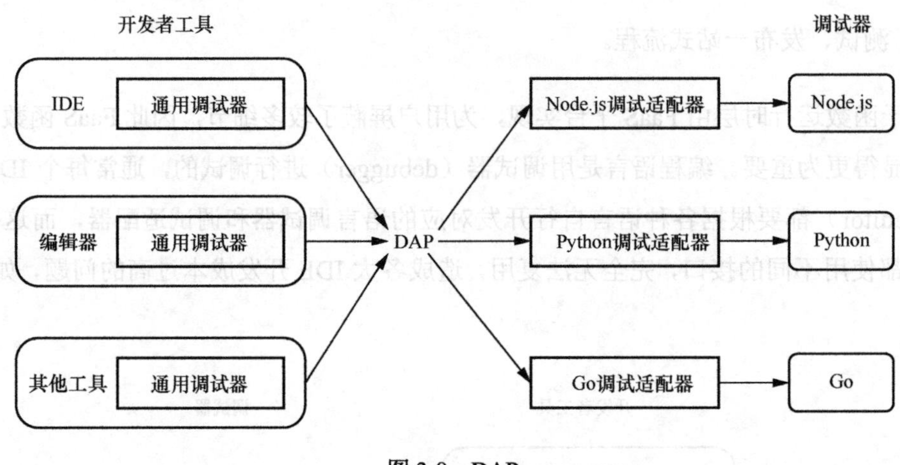

图 3-8 DAP

DAP 让在开发者工具中实现通用调试器成为可能，同时对应的调试器可以通过调试适配器与不同的调试器通信。调试适配器可以在多个开发者工具中重复使用，可大大减少在不同工具中支持新调试器的工作量。调试过程涉及编辑器、调试适配器和调试器。

- 调试会话：调试过程是通过会话来完成的，会话指的是编辑器与调试适配器之间的交互过程，它们之间通过 DAP 通信。
- 初始化：DAP 定义了很多调试特性，编辑器和调试适配器在初始化时通过互相通信，编辑器可以了解调试适配器支持哪些调试特性。
- 调试方式：调试适配器有两种方式启动调试，即 attach 和 launch。attach 方式，调试适配器会通过调试器与一个已经在运行的程序建立连接，用户可以启动和终止这个程序。launch 方式，由调试适配器启动被调试的程序，通过调试器与之建立连接，被调试程序的启动和终止都是由调试适配器负责的。
- 设置断点：在程序启动之前，编辑器会把断点以及与异常相关的配置传递给调试适配器。

CloudIDE 采用开源的 code-server 作为服务器端，并在此基础上做了一些定制化改造，code-server 部署在容器中，由统一的代理为用户提供服务。code-server 本身基于 VSCode 源码开发扩展而来，因此也支持 VSCode 强大的插件系统和生态，目前有数十种支持 DAP

的调试适配器，包括常见的 C/C++、Java、Node.js、C#、Python 等主流语言，并且在 VSCode 强大的插件生态内，这些语言均有对应的插件实现调试适配器，通过兼容插件生态能力，CloudIDE 支持多种语言的调试，方便用户开发与调试。

3.6 本章小结

本章首先介绍了 FaaS 平台控制面的整体架构，其中涉及各组件的设计；然后介绍了多地区部署容灾实现，包括单地区多机房容灾部署和多地区统一控制面；接着介绍了构建与发布系统，包括构建和发布过程；随后对 ByteFaaS 的可观测性进行了介绍，包括日志、监控、链路追踪；最后对开发体验做了简要介绍。

第 4 章 FaaS 数据面

在 FaaS 平台中，数据面涉及函数请求的核心调用链路，负责函数的实例管理、流量调度和请求转发等，也包括对函数实例进行服务发现、就绪检测、状态管理等，以及对函数请求进行并发控制、负载均衡、流量管控等。

4.1 数据面整体架构

本节将结合函数请求的调用路径，介绍数据面的整体架构和关键系统组件。如图 4-1 所示，数据面系统架构中包含如下关键系统组件。

- Gateway 组件是在线请求的流量入口，负责将函数请求转发给后端的函数实例。
- Dispatcher 组件负责管理函数的实例列表，实现函数的实例管理和流量调度。
- WorkerManager 组件是专门为函数冷启动请求服务的，它负责启动和管理一些已预启动且不包含业务信息的基础容器，这些容器构成一个共享的通用冷启动实例池。在函数需要冷启动的时候，从冷启动池中获取一个未被使用过的实例，直接装载函数代码，完成冷启动，从而免去了在请求路径上同步启动容器的延迟。
- HostAgent 组件是在每台计算机上运行的守护程序，负责下载和管理函数代码、初始化函数实例、检查和上报函数实例的状态、收集函数实例的日志和监控数据等。

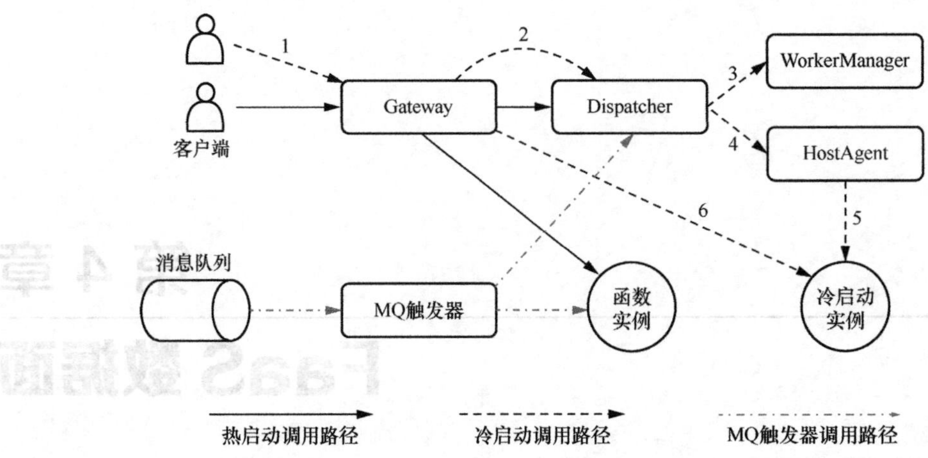

图 4-1　数据面系统架构

FaaS 平台的流量接入场景主要包括通过 HTTP 触发器或定时触发器接入的在线流量场景以及通过 MQ 触发器接入的离线流量场景。接下来介绍在各个场景下的典型请求调用路径。

- 在线请求热启动调用路径。当客户端向 Gateway 组件发送一个函数请求时，Gateway 组件会根据请求的函数标识从 Dispatcher 组件获取所需的函数实例，然后将请求转发给相应的函数实例，并在请求结束之后再把响应返回给客户端。另外，为了尽可能地减少函数请求链路上的系统耗时，Gateway 组件中引入了函数实例缓存，因此绝大多数函数请求都可以通过 Gateway 组件内部的缓存来获取函数实例，而不需要在请求关键路径上同步向 Dispatcher 组件索要函数实例。
- 在线请求冷启动调用路径。当 Gateway 组件需要从 Dispatcher 组件中获取函数实例，而此时却没有可用的函数实例时，就会触发函数的冷启动流程。首先，Dispatcher 组件会从 WorkerManager 组件获取一个预启动的空实例，然后向该实例所在计算机的 HostAgent 组件发起函数加载请求，并在请求中携带必要的函数信息；然后，HostAgent 组件下载函数代码，将代码挂载到函数实例内部，并启动函数进程，完成函数加载。当冷启动流程结束，函数实例就绪时，Gateway 组件就可以获取该冷启动实例来处理函数请求。
- MQ 触发器离线请求调用路径。在 MQ 触发器离线消费的场景下，请求吞吐量通常比较高，且一般不需要在线流量场景中的精确流量控制能力，因此，在该场景下的函数请求调用路径会绕过 Gateway 组件，直接把流量传入函数实例，这样就缩短了请求路径，降低了请求开销。另外，MQ 触发器实例同样是通过 Dispatcher 组件来获取函数实例列表的，并且在当前没有可用实例的情况下，也需要通过 Dispatcher 组件发起冷启动请求，或者触发函数横向扩容来拉起新的函数实例。

4.2 函数实例管理

本节将介绍 FaaS 平台的函数实例管理机制，包括函数实例的服务发现和就绪检测。

4.2.1 函数实例的服务发现

Dispatcher 组件维护着全局的函数实例信息，函数实例的服务发现机制如图 4-2 所示，Dispatcher 组件通过 3 种方式来感知函数实例的启停和状态变更。

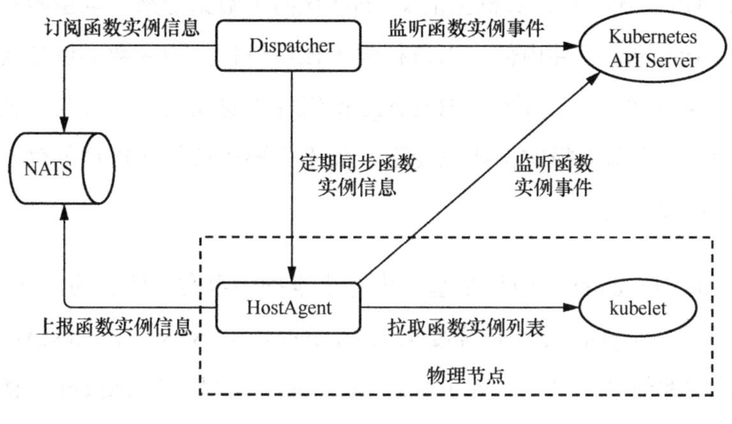

图 4-2 函数实例的服务发现机制

基于 Informer 感知函数实例状态。 Informer 是 Kubernetes 中的一个核心工具包，能够不依赖任何中间件，仅通过 HTTP 实现与 Kubernetes API Server 之间的实时、可靠的通信。Dispatcher 组件通过 Informer 机制监听 Pod 的事件变更来感知函数实例状态。这种方式存在如下几个问题。

- Informer机制比较依赖Kubernetes API Server的可用性，且无法保证不丢失事件，可能导致函数实例的信息更新不及时。
- FaaS平台在业务层面对函数实例的状态和信息做了进一步的细化，Kubernetes Pod事件无法完整地传递这一部分信息。
- Kubernetes Pod状态变更需要依赖kubelet的就绪探针（readiness probe）和存活探针（liveness probe）来定期触发，可能存在秒级的滞后，特别是从函数实例启动到就绪的状态变更延迟，会影响用户视角的实例拉起速度。

基于此，我们在HostAgent组件中加入了管理其所在计算机上的函数实例的功能，以检查函数实例状态，并结合消息队列NATS，向Dispatcher组件传递函数实例信息。

基于NATS上报函数实例信息。NATS是一个开源、轻量级、高性能的云原生消息系统，我们基于NATS的发布-订阅的消息传递模式，让HostAgent组件向NATS推送函数实例信息，并由Dispatcher组件订阅这部分信息来完成函数实例信息的上报。HostAgent组件通过Kubernetes API Server和计算机上的kubelet这两个数据源来获取函数实例的列表和状态变更，并且HostAgent组件内部可以自行维护该计算机上的函数实例信息，而不需要强依赖于Kubernetes相关组件。另外，HostAgent组件本身还负责函数实例初始化的工作，在实例就绪之后即可立即上报实例状态变更，而不需要等待就绪探针的触发，可以极大地缩短函数实例的拉起延迟。

轮询兜底策略。Dispatcher组件是基于内存来维护函数实例信息的，当Dispatcher实例重启或滚动升级时，Dispatcher组件需要从Kubernetes API Server和HostAgent组件中全量拉取和重建函数实例信息。另外，为了容忍Informer机制和HostAgent实例上报发生异常的情况，Dispatcher组件在运行过程当中也需要定期地做全量同步来修正函数实例信息。

4.2.2 函数实例的就绪检测

FaaS平台负责对函数实例进行就绪检测，及时发现不健康的函数实例，避免函数请求调度到不健康的函数实例上，导致请求失败。函数运行时提供健康检查接口，FaaS平台的数据面的kubelet、HostAgent、Dispatcher等组件会定期调用这个接口来进行函数实例的就绪检测，并根据健康检查结果来改变函数实例状态。

同时，FaaS 平台支持用户自定义健康检查接口的处理逻辑，这样就能在业务层面来增强健康检查的表达能力。例如，用户函数在业务逻辑上依赖下游服务，部分函数实例和下游服务之间可能存在网络隔离，此类问题涉及业务逻辑，使用通用的健康检查方法是无法发现的，因此需要用户在代码中自行处理这部分检查逻辑，并通过健康检查接口来对外标识函数实例的状态。FaaS 平台采用 3 种方式来进行函数实例的健康检查，如图 4-3 所示。

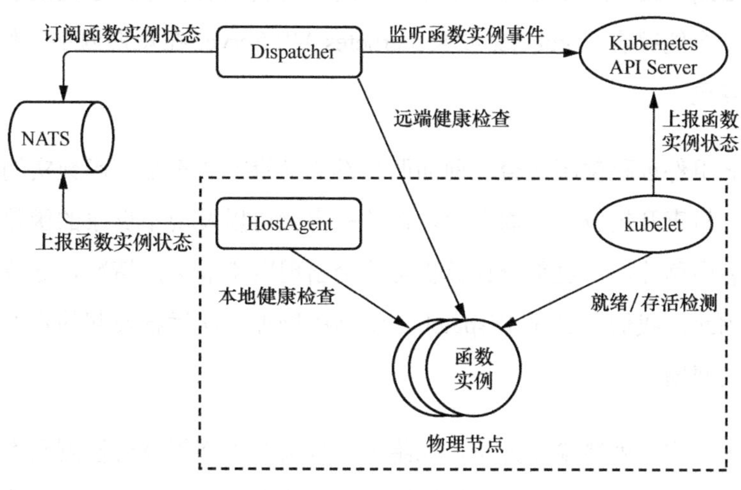

图 4-3 函数实例就绪检测机制

kubelet 就绪/存活探针健康检查。我们在创建函数 Pod 时，将函数实例的健康检查接口配置到 Pod 的就绪/存活探针中。当 Pod 启动之后，kubelet 就会定期触发就绪/存活探针来检查 Pod 是否就绪或存活。

若 Pod 的就绪探针多次失败，kubelet 就会通过 Kubernetes API Server 将 Pod 状态改为非就绪状态。此时，FaaS 平台的数据面的 Dispatcher 组件就能通过 Informer 机制感知到这个状态变更，相应改变函数实例状态，并避免后续流量调度到该函数实例上。这样做一方面可避免因函数实例不健康而造成的请求失败；另一方面，如果是因函数实例的负载过高导致健康检查不通过，可以禁用该函数实例一段时间，避免函数实例持续过载，并有可能在负载降低之后将其恢复为可用状态。

若 Pod 的存活探针多次失败，kubelet 会原地重启 Pod。对于函数代码逻辑中存在的死锁或者连接泄露等情况，仅阻断请求无法将函数实例恢复至可用状态，在这种情况下，将 Pod 重启可能会有帮助。

HostAgent 组件本地健康检查。与 4.2.1 节中提到的函数实例服务发现的上报路径类似，基于 Kubelet Readiness/Liveness Probe 的健康检查依赖 kubelet 的可用性。因此，HostAgent 组件中增加了针对当前物理机上的函数实例的健康检查逻辑，将检查结果推送给 NATS 消息组件，并由 Dispatcher 组件订阅 NATS 来得到函数实例的状态。通过这条健康检查的反馈路径，FaaS 平台能够容忍 kubelet 或 Kubernetes API Server 在短期内不工作，及时发现函数实例的状态变更。

Dispatcher 组件远程健康检查。前面两种健康检查方式都是在函数实例所在的计算机中发起请求的，检查开销较小、周期短，在数秒内就可以发现不健康的函数实例，并将其从函数实例列表中移除。不过部分计算机可能会出现网络隔离的情况，导致远程发起的函数请求失败。因此，我们通过在 Dispatcher 组件中增加一次远程发起的定期健康检查，来解决网络隔离的问题。

通过以上函数实例就绪检测方法，在绝大多数情况下都能及时检测到不健康的函数实例。但是，还有一部分单实例问题无法通过就绪检测发现，例如，个别函数实例或计算机的负载比较高，会影响请求延迟，导致请求超时，但是其健康检查可能还是通过的。因此，可以结合实例负载（CPU、内存利用率等），以及函数请求的错误率、延迟等维度的监控指标，自动检测出明显离群的异常实例，并对其进行迁移，来避免因局部的实例、计算机问题导致的函数请求错误率、延迟上升等问题。

4.3　函数流量调度

FaaS 平台对函数请求做了强管控，通过函数请求并发控制、函数分片、函数实例缓存、自适应降载、流量管控等机制，来保证函数请求快速响应、流量负载均衡、系统保持可用。

4.3.1 函数请求并发控制

函数请求并发是指函数在同一时间内处理的请求数量，约束函数的请求并发主要出于以下两个目的。

（1）通过约束函数单实例请求并发，来限制函数实例的负载，避免函数实例被突发流量"打垮"。特别是在 FaaS 场景下，函数的实例数量是随着流量的变化弹性伸缩的，而不是为流量高峰准备的，可能存在当前实例数量无法承载突发流量的情况，如果不限制单实例请求并发，就有可能把函数实例"打垮"，进而引发"雪崩"现象。

（2）函数可能存在对下游服务的访问，在函数请求频率与访问下游服务频率正相关的情况下，可以通过约束函数整体的请求并发，来限制函数对下游服务或数据库的访问流量，避免突发流量把下游打垮。

函数请求并发控制模式如表 4-1 所示，在 FaaS 平台的函数中，存在两种不同的函数请求并发控制模式，分别为共享模式和独占模式。

表 4-1 函数请求并发控制模式

比较项目	共享模式（默认）	独占模式
并发限制	单实例多并发	单实例单并发
超时控制	• Python、Rust 运行时支持严格的超时控制； • 其他运行时在请求超时之后，任务可能仍在后台运行	支持严格的超时控制
适用场景	单次请求资源开销较小的服务	• CPU、内存密集型，单次请求资源开销较大的服务； •代码逻辑不支持并发访问的服务

在共享模式下，单实例可同时处理多个请求，并支持用户根据请求资源开销来配置单

实例的最大并发数。在独占模式下，单实例同一时间只能承载一个请求，当有多个并发请求同时到达时，需要启动多个实例来承载请求。

在函数请求的超时控制方面，对于共享模式，只有 Python、Rust 运行时支持严格的超时控制，请求会在超时之后中断，而在其他运行时下，请求超时之后任务有可能仍在运行；对于独占模式，请求的超时控制都是严格的，一旦请求超时，就会终止函数进程来停止任务。

在适用场景方面，独占模式一般比较适合两种类型的服务：一种是单函数请求的 CPU、内存的开销很大，一个实例很难同时承载多个请求；另一种是业务的代码逻辑中存在共享状态，且不支持并发访问的情况。除了这两种情况，一般都建议使用共享模式。因为对于大多数微服务场景，单个请求的资源消耗普遍很小，使用独占模式，实例的资源往往无法被打满，会造成很大的资源浪费。另外，在实例数不变的情况下，独占模式能够处理的请求数量很有限，不适合大流量高并发的场景。如果遇到流量突增的情况，FaaS 平台很难在短期内拉起足够多的实例，函数请求的延迟和错误率很容易因大量的实例冷启动而显著上升。相反，在使用共享模式的情况下，实例会最大程度地被复用，能显著提升资源利用率，降低触发冷启动的概率，提升函数服务的可用性和服务质量。

在引入函数请求并发控制的基础上，我们可以根据函数实例的请求并发来进行流量调度，达到函数实例之间负载均衡的目的。同时，我们还可以根据函数并发的使用“水位”，来对函数实例进行预先的扩缩容，这种方式能够很快地感知到函数流量或实例负载的变化，对基于资源利用率等监控信息的自动扩缩容是一种补充。

4.3.2 函数分片

Dispatcher 组件负责对函数请求进行并发控制和流量调度，在此过程中，需要解决请求并发计数的问题。基于降低请求延迟、避免外部依赖的考量，我们选择了基于内存、不依赖外部共享存储的并发计数方式。这样多个 Dispatcher 实例之间就无法共享计数器状态，每个函数实例的并发计数在同一时间内只能归属于某一个 Dispatcher 实例管理。因此，需要考虑函数实例和 Dispatcher 实例之间如何映射、客户端如何感知映射关系的变化，以及

Dispatcher 实例数在增减、滚动升级等场景下如何转移计数器状态等。为此我们引入了分片机制，可以把不同函数的并发控制、流量调度划分到不同的 Dispatcher 实例上，以实现负载均衡、支持平滑扩容和升级。

我们依据函数多版本之间的流量配比，将函数请求调度到合适的函数实例上，因此同样需要基于函数版本来对函数进行分片和寻址。函数分片策略以“函数+版本”标识作为键（key），把它们均匀地分配给多个 Dispatcher 服务器实例来管理，并且实现了如下 3 个目标。

（1）负载均衡。每个服务器分到的键的数量是均衡的，这样负载就相对均衡。

（2）伸缩性能。当服务器实例数发生增减的时候，需要迁移的键应尽可能少，且迁移完成之后服务器之间的键的分布能够重新达到均衡，这样 Dispatcher 组件在扩缩容或者滚动升级过程中的稳定性就会更好。

（3）寻址效率。给定一个键，能够快速找到对应的服务器。

我们采用了 Rendezvous Hashing 的分片策略。函数分片策略的映射规则如图 4-4 所示，每个 Dispatcher 服务器实例都有一个服务器 ID 来对它进行唯一标识，在计算键和服务器之间的映射关系时，需要将键和每个服务器 ID 组合起来分别做一次哈希计算，然后根据哈希值排序，取最大的哈希值所对应的服务器作为映射目标。由于哈希计算和排序的结果是相对随机的，也就是每个服务器被选为键的映射目标的机会在统计意义上是相等的，因此实现了分片策略的负载均衡的目标。

键	服务器列表			
K1	S1	S4	S3	S2
K2	S3	S1	S2	S4
K3	S2	S3	S4	S1
K4	S4	S2	S1	S3
K5	S2	S1	S3	S4
K6	S4	S3	S1	S2

服务器			
K1	K5 K3	K2	K6 K4
S1	S2	S3	S4

图 4-4　函数分片策略的映射规则

当服务滚动升级或者扩缩容时，集群中的服务器数量就会增减，键的分布就需要重新进行映射。函数分片策略的重平衡机制如图 4-5 所示，假设 S2 退出了，那么只有原先 S2 所管理的键的哈希计算结果会变化，且需要迁移到其他服务器上，其他的键则不受影响，因此该过程中键的迁移量在理论上是最少的。在迁移过程中，S2 所管理的键只需移交给原先处于排序结果第二大位置的服务器即可，并且哈希的随机性同样保证了处于该位置的服务器分布是相对均衡的，也就是说，受影响的键能够均匀地迁移到剩余的所有计算机上。因此，该分片策略的伸缩性能是满足需求的。

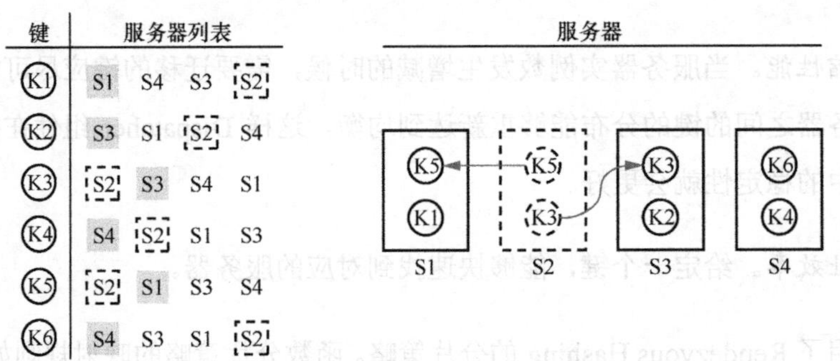

图 4-5 函数分片策略的重平衡机制

显然，该算法的寻址复杂度是 $O(n)$级别的，其中 n 表示服务器数量，在当前场景下一般为个位数，可被认为是常量。另外，我们还可以通过缓存的手段来减少查询开销。总体而言，该分片策略的寻址效率是满足需求的。

通过以上函数分片策略，Dispatcher 实例各自就能比较均衡地管控一部分的函数并发和流量，且保证 Dispatcher 组件的伸缩性能和函数请求过程中的寻址效率。

4.3.3 函数实例缓存

在函数的请求调用链路中，Gateway 组件需要通过 Dispatcher 组件来获取或释放实例并发，以实现请求并发控制，这部分开销可能会增加请求调用链路的系统耗时。因此，函数实例缓存机制如图 4-6 所示，在 Gateway 组件中实现了函数实例缓存，支持请求并发粒度的缓存管理，来减少在请求过程中同步获取或释放函数实例的开销。

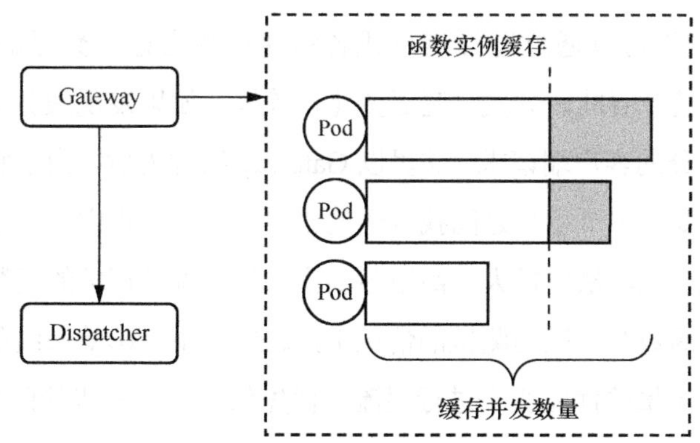

图 4-6 函数实例缓存机制

函数实例缓存机制比较简单，即缓存近期使用的函数实例，定期释放空闲的函数实例，同时给函数实例设置一个失效时间来做缓存替换，这样有利于一些新启动的函数实例能更快地被访问到，达到负载均衡的目的。在遇到部分函数请求失败的情况下，例如实例建立连接有问题或者请求超时，以及一些系统错误，Gateway 组件也会触发熔断，把对应的实例从缓存中移除。

4.3.4 自适应降载

对于 FaaS 平台的 Gateway、Dispatcher 等数据面关键组件，我们引入了自适应降载（load shedding）机制，来容忍异常的突发流量，以保证系统组件的可用性。其具体方法是，在客户端的请求吞吐量高于服务器的峰值承载能力的情况下，通过丢弃或者拒绝一部分请求的方式，来让服务器保持响应的能力，而不被过量的请求打垮。

自适应降载机制保护服务如图 4-7 所示，在未开启自适应降载的情况下，请求吞吐量超过服务器峰值承载能力之后，请求就开始超时，有效响应显著下降；在开启自适应降载的情况下，就可以让服务器的有效响应保持在它的峰值承载能力的“水位”上，而超出峰值承载能力的部分就被拒绝了。当然，拒绝请求本身也是有开销的，如果继续提高请求吞吐量，到达一个阈值之后，服务器的有效响应也会开始下降。

图 4-8 所示为自适应降载器的工作流程。首先，服务器中会有一个后台线程持续监测

当前的负载情况，这里可以通过监控信息或者实现一些内存计数器的方式来监测服务的CPU、内存利用率，请求吞吐、并发、延迟变化，等等。如果发现服务器过载了，就开启自适应降载来拒绝一部分的客户端请求。这里以 Gateway 组件为例，由于它是多个函数共享的流量入口，这时就需要在多个租户之间找合适的租户来限流。我们可以通过监控指标来识别不同租户的访问情况，把流量异常大的函数限制住，其他流量正常的函数基本上就可以不受影响。特别是有个别函数在做压力测试的情况下，这样就不会影响系统的整体服务。除此之外，还可以考虑根据流量的优先级来进行限流，优先保证高优先级的函数请求通过。

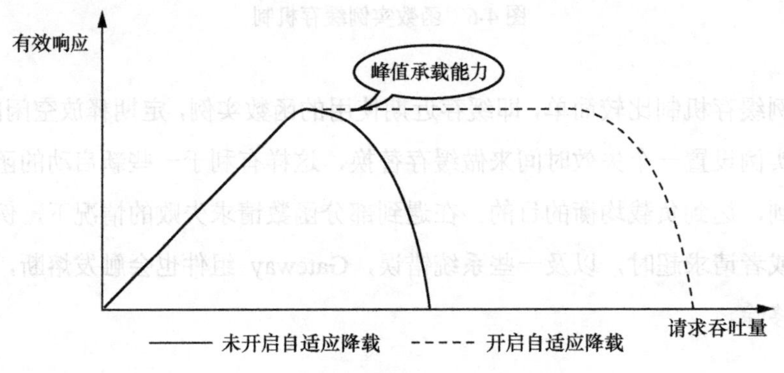

图 4-7 自适应降载机制保护服务

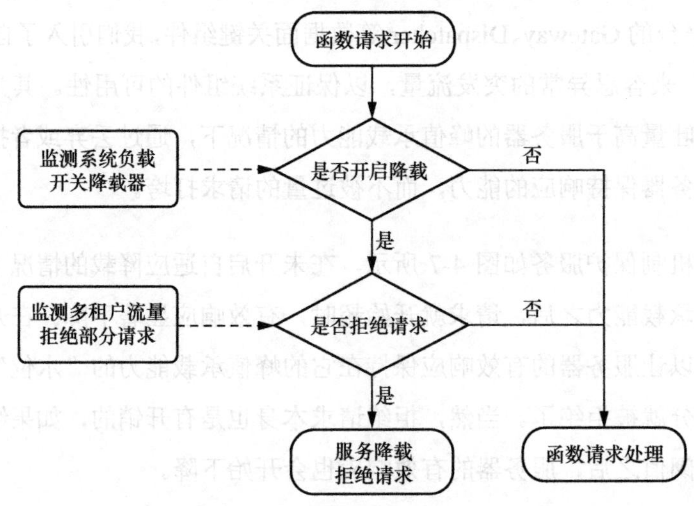

图 4-8 自适应降载器的工作流程

4.4 函数冷启动优化

本节将主要介绍函数冷启动优化，包括冷启动问题背景、镜像代码分离等内容。

4.4.1 冷启动问题背景

目前 ByteFaaS 的大部分业务均运行在 Kubernetes 集群中，采用容器作为运行时隔离环境。FaaS 平台最显著的特性之一就是能按需扩缩，系统会根据服务的负载，对实例数量进行扩缩，甚至在流量为 0 时将实例数量减少到 0。在实例数量为 0 的情况下，或者在实例数量不够承载新增请求的情况下，请求触发时，系统会启动新的实例来承载，实例的启动时间直接关系到请求的执行时延，这个实例启动过程就是冷启动过程。如图 4-1 所示，用户请求到来时，如果服务实例存在且当前并发足够，就会走图 4-1 中的实线路径，请求传到 Gateway 组件后，Gateway 组件会检查本地有没有缓存函数实例，如果没有则会从实例管理组件 Dispatcher 组件中获取实例，然后将请求直接转发到相应实例上。如果实例数量被减少到 0，或者流量上涨，在当前实例不够用的情况下，流量来了之后就会走图 4-1 中的虚线路径，即冷启动路径。冷启动与非冷启动时延如图 4-9 所示，由于冷启动过程涉及容器调试，容器启动、代码下载和初始化等过程，函数实例首次调用耗时较长。

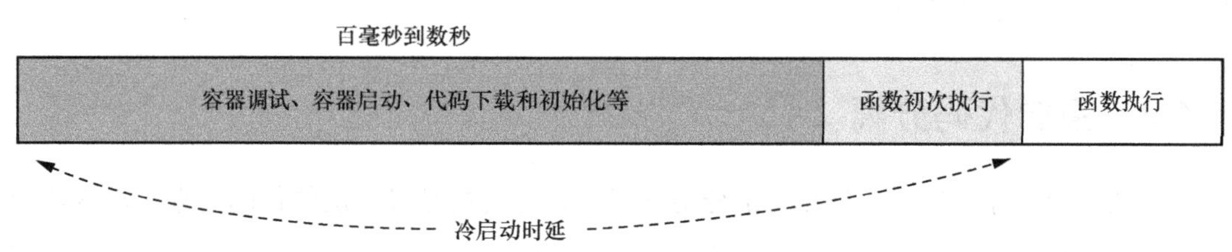

图 4-9 冷启动与非冷启动时延

函数实例冷启动流程主要包括以下几个步骤：

（1）调度延迟，通过调度系统 API 触发扩容一个实例并调度到具体计算机上；

（2）在计算机上创建与启动容器，包括镜像拉取；

（3）启动进程，监听端口，通过健康检查；

（4）服务注册。

下面分析冷启动各阶段耗时。首先是容器启动过程中的镜像拉取时间，镜像拉取时间不可控，一般是秒级，可长达几十秒，在最坏的情况下可到分钟级。这主要包括以下原因。

（1）由于函数代码本身包含在镜像中，每个函数启动时需要拉取对应的镜像，镜像的异构化导致难以复用缓存，因此拉取时间不可控。

（2）FaaS 平台高密度部署、自动扩缩比较频繁等对镜像拉取造成较大压力。

（3）单机镜像拉取有限流配置，这主要是为了避免对计算机磁盘 I/O 产生较大压力，从而避免影响计算机上的已有服务。

其次是 kubelet 容器创建时间，测试出的数据平均为 3s 左右。

最后是函数进程启动时间，不同的语言运行时启动时间差别比较大，例如，对于 Node.js 或者 Java 函数，其进程启动时间可能达到秒级，Go 则在几十毫秒内即可启动完成。

综上，如何解决冷启动时延是 FaaS 的一个关键问题，以下将从平台侧和用户侧两个方面给出具体的方法和建议。

4.4.2　镜像代码分离

镜像本身是分层的，并且在大部分情况下用户的变更是最上层的代码内容，但容器启动需要把整个镜像拉取下来，代码通常只有几十 MB，而镜像可能有几 GB，一个直观的想法是把不变化的那部分内容尽量提前拉取下来，以减少不必要的拉取时间。

优化方案是通过分离用户镜像和代码，将代码单独存储，把镜像共同的部分统一起来，提前拉取到计算机上，在需要的时候拉取代码执行。具体方案是在 FaaS 平台上线构建过程中，调整构建逻辑，把用户代码和依赖单独打包上传到对象存储，镜像则是每个 Runtime 进程对应一个统一的基础镜像，提前拉取到集群中的每台计算机上。在创建实例的过程中，采用统一的镜像启动实例，我们会提前给实例挂载一个空宿主机目录，对应计算机上的唯一路径，只要把代码下载到这个路径，自然能在容器中拿到用户代码；然后在实例启动的过程中，对应计算机上的 HostAgent 组件会监听 Kubernetes 状态，发现有实例调度到本机上时会根据本机上是否有代码缓存来按需拉取。

4.4.3 函数实例预热

在函数实例启动过程中，容器的创建、调度和启动是比较耗时的，以 Kubernetes Pod 为例，它的平均启动时间为 3s 左右。因此，我们通过预先启动容器对函数实例进行预热，然后在冷启动过程中延迟加载函数代码来规避同步创建容器的开销，达到降低冷启动延迟的目的。

冷启动资源池如图 4-10 所示，WorkerManager 组件预先创建了一批不包含业务信息的基础容器，我们称之为冷启动实例，并按照不同的函数运行时、通信协议和资源规格组成多个冷启动资源池，这些容器中起初不包含任何函数代码，可以被不同的函数共享，直到在冷启动过程中才真正被某个函数所占用。

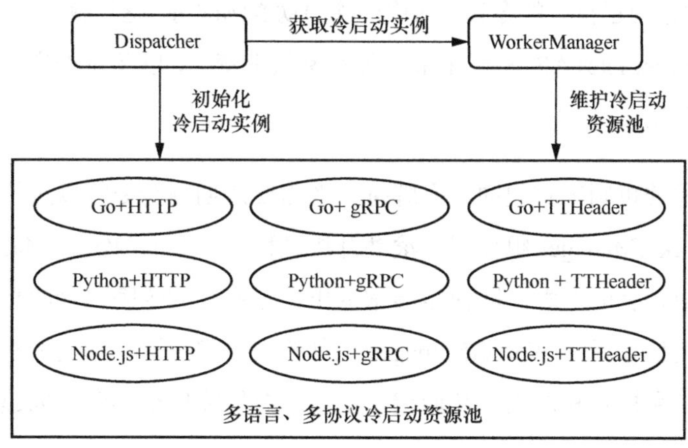

图 4-10 冷启动资源池

当然，一个冷启动实例只能被一个函数所获取和占用，而不应重复分配给多个不同的函数。我们采用了一种基于令牌（token）的冷启动资源池分片管理策略，如图 4-11 所示。

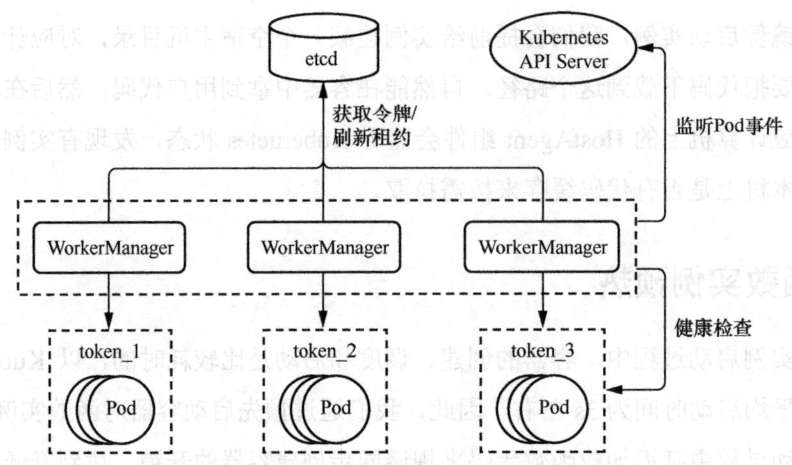

图 4-11 冷启动资源池分片管理策略

首先，每个 WorkerManager 组件会持有全局唯一的令牌，在创建新的冷启动实例时，WorkerManager 组件会将该令牌标识注入容器，以此来保证冷启动实例的唯一归属，只有持有该令牌的 WorkerManager 组件才有权管理和分配该冷启动实例。

另外，令牌的设置让冷启动资源池被天然地划分为数个独立的分片，每个 WorkerManager 组件只需要负责管理自己持有的令牌所对应的冷启动实例即可，这样就降低了 WorkerManager 通过 List/Watch Kubernetes API Server 来监听实例状态变化，以及对冷启动实例进行健康检查等维护操作的开销。

令牌是基于租约机制来实现的，令牌持有者需要定期刷新令牌以进行续租才能保证租约不过期。在 WorkerManager 组件服务滚动升级过程中，旧的 WorkerManager 组件在正常退出前会主动释放持有的令牌，即使是异常退出，它持有的令牌也会随着时间流逝而使租约过期，然后被其他存活的 WorkerManager 组件抢占，携带该令牌的所有冷启动实例都会被新的令牌持有者所接管和复用，从而避免了不必要的冷启动实例的创建和回收操作。

4.4.4 冷启动实例调度

通过预启动容器，我们基本消除了在冷启动过程中同步创建和启动容器的开销，接下来就需要重点优化函数代码下载的延迟。为此，我们引入了代码的多级缓存机制来降低代码下载延迟，提高代码分发的吞吐量和可用性，从而优化函数冷启动和扩缩容的性能，这部分的详细内容将在 4.5 节中展开论述。

基于代码缓存分布的冷启动实例调度如图 4-12 所示，为了进一步提升冷启动请求过程中的代码下载缓存命中率，我们引入代码管理（CodeManager）组件来管理全局的代码缓存分布信息，并在冷启动实例调度中根据代码位置信息进行亲和性调度。

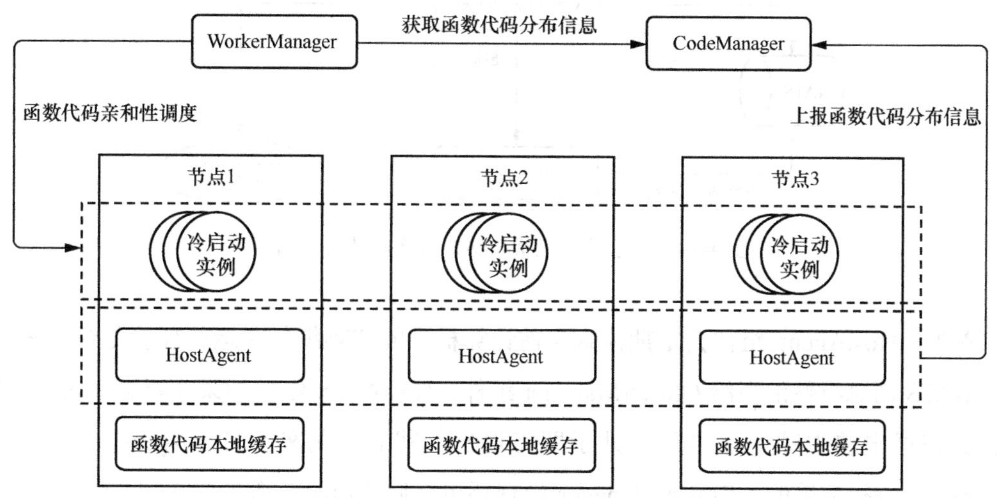

图 4-12　基于代码缓存分布的冷启动实例调度

首先，HostAgent 组件管理着本地缓存中的代码信息，并通过实时增量上报和按需全量同步的方式，将代码缓存分布信息汇总至 CodeManager 组件进行集中的持久化和管理。然后，WorkerManager 组件从 CodeManager 组件处获取代码分布信息，在函数冷启动请求到来时，可以考虑优先将请求调度到拥有该函数代码缓存的计算机上，以达到复用本地代码缓存、降低冷启动延迟的目的。

在冷启动过程中，我们依赖 HostAgent 组件来完成代码下载和初始化函数实例的工作，它的存活与否会影响冷启动请求的稳定性。尤其是在 HostAgent 组件服务滚动升级的情况下，每台计算机上的 HostAgent 组件总存在一段时间，在这段时间内窗口是处于宕机状态的，如果冷启动请求被调度到相应的计算机上就会失败。因此，我们引入了一个集群管理

（ClusterManager）组件来实现集群中全局的计算机和 HostAgent 组件状态管理，基于计算机状态感知的冷启动实例调度如图 4-13 所示。

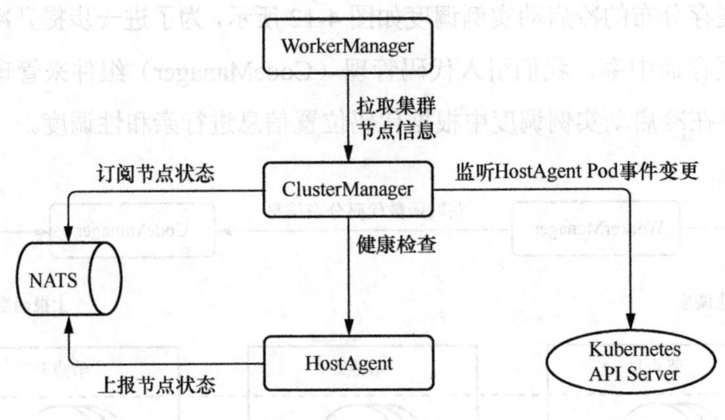

图 4-13 基于计算机状态感知的冷启动实例调度

首先，HostAgent 组件会定期检查当前计算机上的依赖组件和运行环境是否正常，并通过 NATS 消息组件汇报给 ClusterManager 组件。HostAgent 组件如果需要进行滚动升级，它也会在退出前主动上报自己正处于即将退出的状态。另外，HostAgent 组件是基于 Kubernetes 进行部署的，ClusterManager 组件还可以通过监听该服务的 Pod 事件变更来感知 HostAgent 组件的状态变化。最后，ClusterManager 组件还可以主动对 HostAgent 组件发起健康检查请求来确认其状态。通过上述多种数据源和反馈路径，ClusterManager 组件能够收集到可信的计算机和 HostAgent 组件状态，及时地识别发生故障或短期内不可用的计算机，从而给 WorkerManager 组件的冷启动实例调度提供参考，尽可能地避免把冷启动请求调度到故障计算机上，以提高冷启动请求的稳定性。

4.4.5 用户侧优化

冷启动优化划分如图 4-14 所示，在用户侧，尽量缩小代码包大小，去除不必要的依赖，如果业务本身对冷启动非常敏感，可以选择预留实例。对平台用户而言，可以选择自定义 Runtime 组件与镜像，这样可以把一些共用的依赖放到基础镜像中，在代码依赖比较大的情况下，可以显著降低冷启动时间。

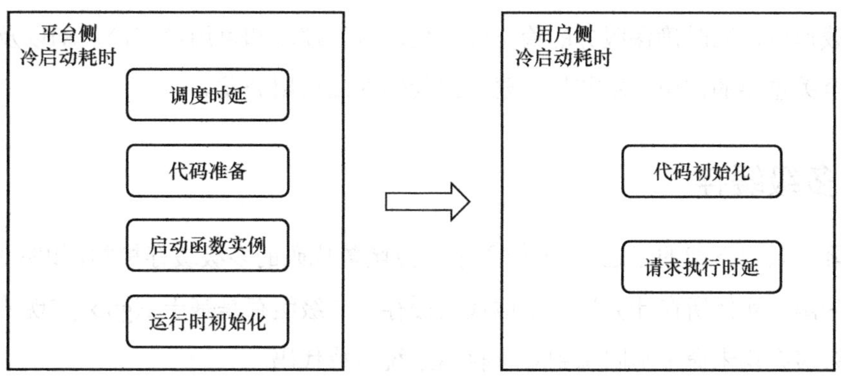

图 4-14 冷启动优化划分

另外，为了尽量降低冷启动概率，如图 4-15 所示，用户可以采用共享模式来尽量利用已有函数实例。

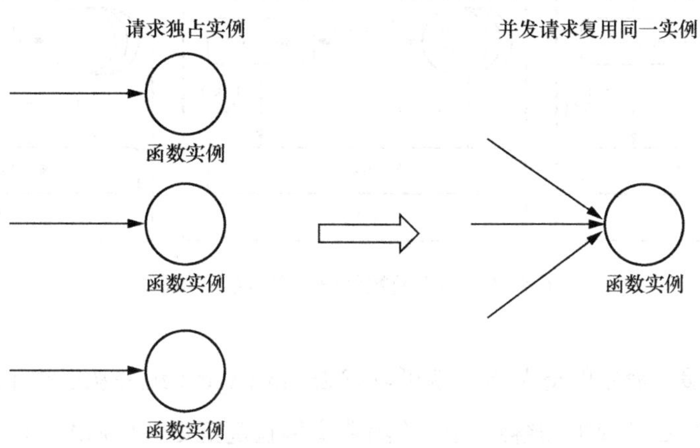

图 4-15 采用共享模式降低冷启动概率

另外，我们可以根据自身业务特征通过提前触发或者定时扩容来启动并预热函数实例，从而减少冷启动的次数。

4.5 函数代码分发

通过镜像代码分离，消除了镜像下载时间，但同时增加了代码下载时间，因此需要提高代码下载速度，同时确保服务的稳定性，代码分发速度和可用性在冷启动以及实例扩缩容中起着至关重要的作用，本节将主要介绍代码的高可用分发。

4.5.1　多级缓存

为了降低代码下载的延迟，我们引入了热点函数代码的多级缓存机制，如图 4-16 所示，一级缓存为函数实例所在计算机的本地代码缓存，二级缓存是基于 Nginx 实现的远程代码缓存，如果缓存均未命中则回源到对象存储系统下载代码。

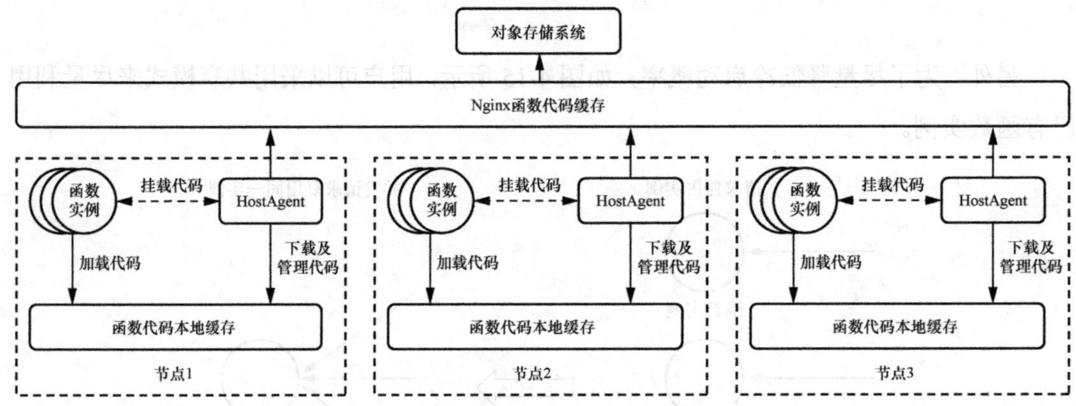

图 4-16　热点函数代码的多级缓存机制

在本地代码缓存命中的情况下，就可以省去 HostAgent 组件从远程下载和解压代码的开销，显著降低冷启动或扩缩容过程中的函数实例拉起延迟。HostAgent 组件记录了本地的函数代码信息及其历史访问情况，来识别其中的热点函数代码，并根据当前计算机的磁盘利用率和剩余容量等信息来触发缓存清理和替换，从而合理地利用本地的磁盘空间，提升本地代码缓存的命中率。

在本地代码缓存未命中的情况下，HostAgent 组件会优先从 Nginx 缓存层下载代码，来降低回源至对象存储系统的频率。Nginx 缓存在访问延迟和吞吐量方面均明显优于后端对象存储，且由于该组件足够简单和成熟，其稳定性方面也更为可靠，因此提升 Nginx 代码缓存的命中率就显得尤为重要。首先，Nginx 本身就支持了一些简单的缓存策略，能够实现热点代码的缓存，以及清理长时间未被访问的代码。另外，在对函数代码进行构建的过程中，我们会将相应的构建结果代码包缓存至 Nginx 中，来对 Nginx 缓存进行预热，如果用户后续使用该版本的函数代码进行发布，就能直接命中缓存。

至此，绝大多数的函数代码下载请求都能够在本地或 Nginx 缓存中被命中，只有少量的请求可能会回源到对象存储系统中。同时，为了提升函数代码下载的可用性，我们还在对象存储层对接了多套后端存储服务用于容灾备份，在部分存储服务发生故障的情况下，能够快速感知并将访问流量切换至其他健康的存储服务上。

4.5.2 下载优化

代码分发的时间包括代码下载以及解压的时间，代码包越大，下载时间和解压时间也越长。但测试发现，在代码包大小一定的情况下，代码分发相当大一部分的时间其实花在了解压上面，而在网络带宽不断提升的情况下，下载速度也在持续加快。

影响解压时间的因素主要有两个，一个是实例本身的 CPU 规格，在 CPU 资源充足的情况下解压速度更快，在 CPU 受限的情况下解压速度则会变慢；另一个是代码本身是否压缩，例如采用 tar 打包的比用 Gzip 压缩的解压速度更快，同时 Gzip 也有不同的压缩比，压缩比越低，解压速度越快。在整体上，代码包的解压时间占更大的比例，ByteFaaS 结合自身的情况和内网的带宽限制，全部采用 tar 打包而不采用 Gzip 压缩的方式，虽然增加了下载时间，但优化了解压时间，从而能更快地进行代码分发，优化冷启动。

由于对象存储和 Nginx 均支持 HTTP Range 请求，一次请求可以只下载代码包的部分内容，因此可以基于 HTTP Range 请求将整个代码通过多次请求下载下来，再在本地进行合并，多次请求可以并行进行，这样可大大减少下载时间。同时对于大小小于分片的代码包，ByteFaaS 采用了下载与解压并行的方式，主要基于流式传输的方式，可以下载一部分、解压一部分，从而进一步地减少代码准备的时间。

4.5.3 大规模分发

随着集群规模不断扩大，代码包的大规模分发逐渐成为扩缩容和冷启动的挑战，单纯依赖 Nginx Cache 和对象存储无法解决，Nginx Cache 无法应对大规模分发的压力，对象存储又存在下载速度过慢的问题。

为了解决上述问题，首先系统在 HostAgent 组件侧接入了 P2P（peer-to-peer，对等）网络，缓解大规模分发下 Nginx Cache 的压力。另外，参考开源的镜像加速分发方案 Nydus 实现了代码的延迟加载，Nydus 镜像加速的原理是容器在启动过程中，业务进程的启动往往并不需要访问所有的镜像文件，很多情况下只需要很小一部分的镜像文件，通过将传统的 OCI（open container initiative，开放容器协议）镜像转化成可寻址的格式，同时结合 Linux 用户空间文件系统（Filesystem in Userspace，以下简称 FUSE）这样的技术实现了镜像的延迟加载，加速容器的启动速度。同样，在镜像代码分离的背景下，进程的启动其实并不需要全量加载代码包，如果能做到代码的延迟加载，冷启动时间就会进一步地优化，同时也能减小在瞬时大规模分发场景下下载代码的压力。

我们将代码转化成可寻址的格式，转化成功后包括 3 个文件，即 manifest、code layer 和 metadata layer。manifest 文件具体如下。

```
{
   "config": {},
   "layers": [
      {
         "annotations": {
            "bytefaas/code/nydus-blob": "true"
         },
         "digest": "sha256:f1f0c0f8ad98f55eb88f127018bab3f292c3f33dd9fa929a7ad
           0993985b490c6",
         "mediaType": "application/vnd.bytefaas.code.layer.nydus.blob.v1",
         "size": 65753734
      },
      {
         "annotations": {
            "bytefaas/code/nydus-bootstrap": "true"
         },
         "digest": "sha256:84c2da6005acb9d5625530f670cdf19d5069b039f5c9eda4001560a
           46b961085",
         "mediaType": "application/vnd.bytefaas.code.layer.v1.tar+gzip",
```

```
            "size": 3061
        },
    ],
    "mediaType": "application/vnd.bytefaas.code.manifest.v1+json",
    "schemaVersion": 1
}
```

（1）manifest 文件包含当前代码包转化后的层（layer），以及各个层信息，如摘要（digest）、大小（size）、注解（annotations）等。

（2）code layer 即被转化后的用户代码层。

（3）metadata layer 即转化后代码层的元信息，包括代码包内所有文件的信息，例如 code layer 文件的偏移量（offset）、size 等。

通过在冷启动池的容器中创建一个空的 FUSE 挂载点，此挂载点由计算机上的 Nydus 进程接管，冷启动时容器中进程对代码文件的访问请求通过 FUSE 最终会传递到 Nydus 进程，Nydus 进程在收到文件访问请求后，会判断本地是否存在目标文件数据，如果不存在则根据文件的 offset 和 size 通过 HTTP Range 请求的方式远程存储下载，从而实现延迟加载的功能。

4.6 本章小结

本章首先介绍了数据面的整体架构设计、关键系统组件及其作用，以及在各类流量场景下的典型请求调用路径；然后介绍了函数实例管理机制，包括函数实例服务发现和函数实例就绪检测；接着介绍了函数流量调度策略，来保证请求快速响应、流量负载均衡和系统的高可用性；随后介绍了函数请求的冷启动问题及其相关优化手段，来降低冷启动延迟和对业务的影响；最后介绍了函数大规模代码分发的实现原理和优化方法，来提高代码分发的性能和稳定性。

第 5 章 FaaS 运行时

FaaS 运行时为函数执行提供了资源和安全隔离的环境，并为函数传递调用事件、上下文信息和响应信息等。函数运行时需要具备统一的接口规范来支持多语言的接入，以及系统管控组件来维护函数实例的生命周期，同时需要为不同的场景采用不同的沙箱隔离技术，在性能、安全性和通用性之间进行取舍。

5.1 函数运行时

函数实例组成结构包含两个部分，分别为 RuntimeAgent 进程和 Runtime 进程，如图 5-1 所示。

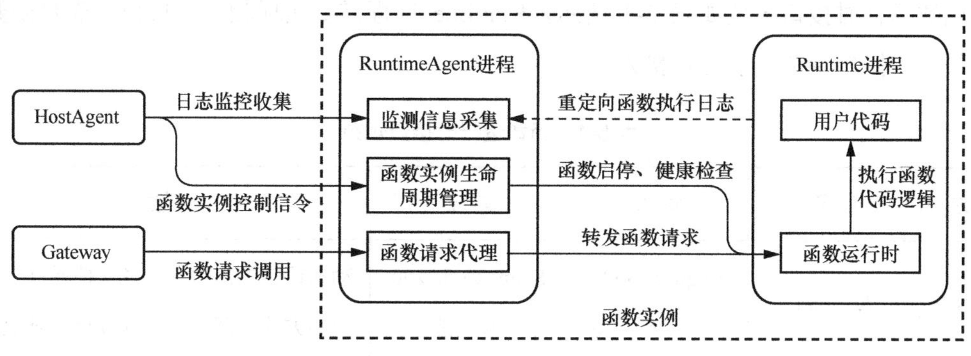

图 5-1 函数实例组成结构

RuntimeAgent 进程是函数实例中首先启动的系统进程，它的主要作用如下。

（1）函数实例生命周期管理。RuntimeAgent 进程负责接收 HostAgent 组件的控制指令，来加载函数代码、初始化运行环境并启动 Runtime 进程，以及在函数实例运行过程中，对 Runtime 进程进行健康检查，维护实例状态变更，并依据不同的情况杀掉或重启 Runtime 进程。

（2）函数请求代理。RuntimeAgent 进程作为流量代理，负责将 Gateway 组件或 MQ 触发器发送的函数请求转发给 Runtime 进程，并在请求过程中进行并发管理、超时控制和错误处理。

（3）监测信息采集。RuntimeAgent 进程负责收集 Runtime 进程的运行日志、监控指标，以及函数费用统计信息等。

Runtime 进程属于用户进程，包含函数的业务逻辑。Runtime 进程需要监听由环境变量指定的 TCP（transmission control protocol，传输控制协议）端口，以 HTTP 服务器的形式启动，并对外暴露必要的接口来支持与 RuntimeAgent 进程之间的交互，实现函数的加载、初始化、健康检查等功能。

本节将主要介绍函数运行时需要满足的接口规范，以及如何通过这些接口对函数实例的生命周期进行管理。

5.1.1　函数运行时规范

函数运行时接口规范如表 5-1 所示，Runtime 进程需要实现相应的接口，满足函数运行时统一的接口规范才能进行接入。

表 5-1　函数运行时接口规范

方法	路径	请求	响应	描述
POST	/v1/load	Request Body 为 JSON 类型	Status Code 200 为正常	动态语言的函数运行时支持通过热加载的方式来降低实例的冷启动延迟。

续表

方法	路径	请求	响应	描述
				支持热加载的函数需要支持两种模式，即正常模式和待命模式。 在正常模式下，函数启动即可加载代码完成初始化动作；在待命模式下，函数实例预先启动并进入待命状态，然后等待 load 请求（加载函数请求）再进行初始化函数操作
POST	/v1/initialize	Request Body 为空	Status Code 200 为正常	确保实例的函数初始化操作完成，才可以处理函数请求，执行 handler 函数的代码逻辑
GET	/v1/ping	Request Body 为空	Status Code 200/404 为正常	就绪检测，定期调用来检测函数健康状况，函数实例启动后需要通过健康检查才可以承接流量。 如果函数实例在运行过程中多次就绪检测不通过，会将该实例从路由表中摘除；如果多次存活检测不通过，会重启该实例

对 FaaS 用户而言，只需实现 handler( )函数而不是实现整个服务，可以将关注点放在业务处理逻辑上。以 Go 运行时为例，支持 HTTP 请求类型的 handler( )方法签名（即函数的名称和参数）为：

```
func handler(ctx context.Context, event *events.HTTPRequest) (*events.EventResponse,
error)
```

运行时 handler( )函数参数包含 ctx 和 event 两个输入参数类型。其中，ctx 用于保存和传递函数调用的上下文信息，event 则包含触发函数请求的事件信息。

函数请求包含 HTTP 和 CloudEvent 两种类型，我们通过请求 Header 中的约定字段

“X-Bytefaas- Event-Type”来标识请求的类别。对于 HTTP 请求类型，event 输入参数为 HTTPRequest 结构，它的内容包括：

```
type HTTPRequest struct {
    // 请求方法
   HTTPMethod string
   // 请求路径，如 /abc
   Path string
   // 路径参数
   PathParameters map[string]string
   // 请求参数
   QueryStringParameters map[string]string
   // 请求头信息
   Headers map[string]string
   // 请求数据实体
   Body []byte
}
```

handler( )方法签名的返回值为 EventResponse 结构，它的内容包括：

```
type EventResponse struct {
   // 状态码预期是对齐 HTTP 请求码
   StatusCode int
   // 返回头信息
   Headers map[string]string
   // 返回数据实体
   Body []byte
}
```

对于 HTTP 请求类型，Gateway 组件只需将原始的 HTTPRequest 请求转发给 Runtime 进程，并在 handler( )函数执行结束之后，将 EventResponse 中的 Headers 和 Body 返回给调用方即可。

另一方面，支持 CloudEvent 请求类型的 handler( )方法签名为：

```
    func handler(ctx context.Context, event *events.CloudEvent) (*events.EventResponse,
error)
```

其中，event 输入参数为 CloudEvent 结构，符合 CloudEvent HTTP 的传输规范，它的内容包括：

```
type CloudEvent struct {
    Context     EventContext
    Data        interface{}
    DataEncoded bool
    DataBinary  bool
    FieldErrors map[string]error
}
```

Gateway 组件需要通过 CloudEvent 的开源 SDK 来解析请求并转发给 Runtime 进程，并在函数请求结束后将 handler( )函数返回的 EventResponse 转换为 CloudEvent 格式，再写回给调用方。

如果想要同时支持多种类型的请求，只需将 handler( )方法签名改为：

```
func handler(ctx context.Context, event interface{}) (*events.EventResponse, error)
```

然后在 handler( )函数的代码逻辑中对 event 参数进行类型断言，并进行相应处理即可。

本节介绍了函数运行时的结构和接口规范，并以 Go 运行时为例，详细介绍了运行时 handler( )方法签名及输入、输出参数类型，其他语言的运行时实现也大同小异，这里不赘述。另外，用户还可以在遵循函数运行时规范的前提下，通过自定义函数的启动命令来运行原生的应用代码，实现原生应用的 Serverless 化，这部分的内容将会在 8.1 节中详细介绍。

5.1.2 函数实例生命周期

如图 5-2 所示，函数实例生命周期可以分为如下 3 个阶段。

（1）函数实例初始化阶段：初始化运行环境和启动函数实例。

（2）函数请求调用阶段：函数实例在初始化完成之后，开始接收函数请求。

（3）函数实例退出阶段：函数实例接收到退出指令后，逐步完成函数进程的“优雅”退出。

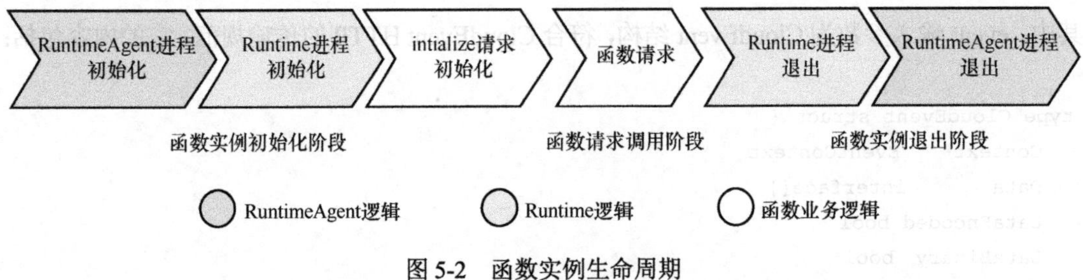

图 5-2　函数实例生命周期

函数实例初始化阶段包含以下 3 个步骤。

第一个步骤是 RuntimeAgent 进程初始化。RuntimeAgent 进程启动并加载必要的配置信息和环境变量来初始化函数运行环境，接着开启后台线程来提供监控输出指标和日志收集的能力，最后启动 HTTP 服务器进入待命状态，用于接收函数实例的管控指令和代理函数的请求调用。

第二个步骤是 Runtime 进程初始化。RuntimeAgent 进程接收到 load 请求，通过挂载目录的方式拿到函数代码，并从 load 请求参数中拿到用户注入的环境变量，完成函数运行环境的初始化之后即可启动 Runtime 进程。对于不同语言的函数运行时，这里需要分两种情况考虑。对于 Go、Rust 等编译型语言，我们将 Runtime 进程服务器的实现通过 SDK 的形式提供给用户，用户可以基于此进行开发，并将 Runtime SDK 与 handler( )函数代码一同编译成二进制文件进行构建部署。对于解释型语言，如 Python、Node.js 等，Runtime 进程会预先启动，RuntimeAgent 进程只需要在 load 请求阶段动态加载用户函数的 handler( )函数代码即可，这样可以显著降低函数加载的延迟。

第三个步骤是 initialize 请求初始化。用户可以在 initialize( )函数中进行业务配置加载，或者初始化下游服务的客户端以达到复用连接、减少资源消耗的目的。在 initialize 请求成功之前，函数实例都处于未就绪状态，RuntimeAgent 进程不会将函数请求转发给 Runtime 进程，请求不会被真正执行。另外，initialize 失败不会导致 Runtime 进程退出，可以避免用户进程在初始化失败之后被频繁退出和拉起，且重试操作可以交给 FaaS 平台来定期触发。

经过上述 3 个步骤之后，函数实例初始化阶段就完成了，之后函数实例会进入就绪状态并开启函数请求调用阶段，开始接收函数请求。

在函数请求调用阶段，函数请求的头部包含函数的标识信息，来识别当前实例是否与函数正确匹配。在 FaaS 场景下，函数实例的扩缩容、迁移操作相对频繁，在此过程中，同一个网络地址有可能被不同的函数所复用，为了避免函数请求被转发到错误的实例上，需要在向 Runtime 进程发起请求之前进行一次检查。

对于函数请求的返回值，需要考虑以下两种情况：

（1）FaaS 平台成功拿到了函数返回的 EventResponse，这种情况下 FaaS 平台会将函数的执行结果原封不动地返回给调用方；

（2）函数请求失败，FaaS 平台没有拿到函数的执行结果，这种情况下 FaaS 平台会根据不同的错误类型来返回不同的错误码和错误信息，以便用户进行相应的排查。

对于函数调用过程中的错误处理，我们定义了一套 FaaS 平台内部的错误码来区分不同的错误类型。对于用户错误，我们会将其直接返回给调用方；对于一部分系统错误，我们会根据错误码类型在合适的地方进行重试，来尽量保证函数请求成功，同时避免不必要的级联重试。

在函数实例退出阶段，函数实例运行过程中，函数实例可能会由于自动扩缩容或者迁移而被杀掉，然后 RuntimeAgent 进程就会收到相应的退出信号，让函数实例进入退出阶段。

此时，RuntimeAgent 进程会先将实例状态转为 Terminating 状态，并等待一段时间让 Dispatcher 组件中的函数实例列表能够及时更新，从而阻断后续流量继续转发到这个实例上。然后，RuntimeAgent 进程会向 Runtime 进程发送 SIGINT 信号，使其退出，Runtime 进程会在处理完当前正在进行的请求之后再退出，避免函数请求失败。如果 Runtime 进程没有在函数请求超时时间之内主动退出，RuntimeAgent 进程会再次发送 SIGKILL 信号来强制杀掉 Runtime 进程。最后，RuntimeAgent 进程在处理完必要的日志收集工作之后即可退出。

以上就是函数实例完整的生命周期。

5.2 函数运行时隔离技术

ByteFaaS用户的函数代码通过无状态的Kubernetes负载承载运行，底层的运行时资源隔离技术是确保多租户代码稳定运行的前提条件。本节将主要介绍ByteFaaS系统使用过或尝试过的函数运行时隔离技术：基于Docker的容器封装隔离，为了简化链路引入的containerd，基于轻量级虚拟化技术的Kata Containers，精简内核Unikernel，基于WebAssembly和V8 Isolate的轻量级运行时。

5.2.1 基于Docker的容器封装隔离

字节跳动内部很早就开始了基于Kubernetes的大规模容器化部署的实践。出于对资源利用效率的考量，在字节跳动内网可信的环境下，内部的ByteFaaS函数运行时采用了基于Docker的容器运行时封装隔离方案。内部场景基于Docker的封装隔离带来的优势如下。

（1）基于Linux内核原生提供的cgroups和namespace机制，提供了轻量级容器运行时隔离解决方案，相比基于虚拟机技术的隔离手段，有效减小了开销，可以实现高密度部署。线上环境单机部署密度可达200多Pod。由此我们可以为用户提供更小规格的函数实例，有效节省用户的使用成本和平台侧的计算机资源维护成本。

（2）开发生态链非常完备。ByteFaaS用户可以通过Docker工具链快速地在本地启动一个函数容器，通过拉取同样的Docker镜像，可模拟线上运行环境，进行本地调试。

（3）在内网可信场景下，可以使用Host网络模式，容器内的业务进程与宿主机共享网络命名空间（network namespace），可节省数据面流量网络传输开销。

（4）容器与宿主机共享内核，可以直接在物理机层面对容器内的业务进程做更细粒度的监控信息采集。

在使用Docker作为容器运行时的过程中，我们发现如下几个问题。

（1）旧版本Docker启动执行用户进程时会偶发进程卡死的问题。

（2）kubelet 为了支持 Docker，早期做了很多额外的适配，使数据链路上的调用链过长。以创建 Pod 为例，简化的组件之间的调用关系如图 5-3 所示。

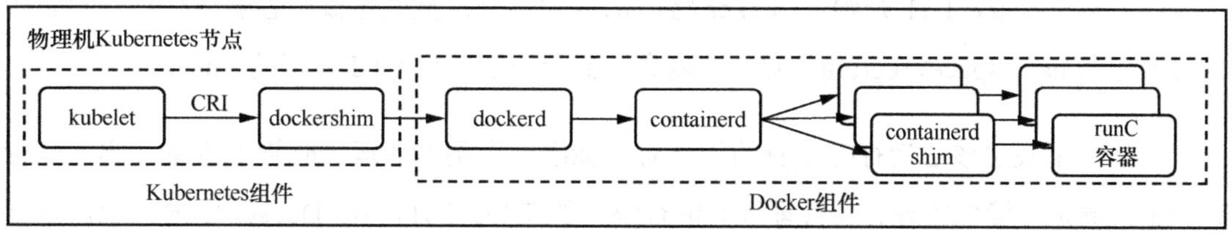

图 5-3 采用 Docker 作为容器运行时

图 5-3 中，dockershim 是 kubelet 为了适配容器运行时接口（container runtime interface，CRI）规范添加的适配层，从 Kubernetes 控制面下发 Pod 创建指令，到最终 runC 容器启动，经过了 kubelet、dockershim、dockerd、containerd 这 4 个组件，在大规模高密度部署的场景下，为问题排查增加了难度。

（3）后续对轻量级虚拟化技术的探索，要求我们能够替换其他类型容器运行时，这要求 ByteFaaS 系统组件和 ByteFaaS 底层 Kubernetes 集群与 Docker 解耦。

（4）Docker 本身是一家商业公司的产品，对 Docker 的依赖会在法务合规上产生潜在风险（例如 2021 年 Docker 更改了 Docker Desktop 的许可，禁止 Docker Desktop 免费版出于商业目的的使用）。

5.2.2 从 Docker 到 containerd 的迁移

随着 Kubernetes 社区本身逐渐成熟，用户对容器安全隔离能力产生了更多诉求，社区开始探索如何在 Kubernetes 集群中运行不同类型的容器负载。Kubernetes 1.5 引入了 CRI，定义了一套 Kubernetes 适配不同容器运行时的统一接口。CRI 的引入使 kubelet 与实际的容器运行时进一步解耦，甚至具备支持在同一个集群、同一个节点上运行不同的容器运行时（Docker、runC、Kata Containers）的能力。

与此同时，除 Kubernetes 社区之外，容器运行时本身也日趋标准化。

（1）2015 年，在 Docker 公司主导之下，开源社区推出了容器的第一个行业标准开放容器协议（OCI）。

（2）从 Docker 1.11 开始，Docker 将内部组件拆分，把底层核心容器运行时（负责容器的创建和 namespace、cgroups 的封装隔离）拆分出了符合 OCI 规范的 runC。

（3）除了底层核心运行时本身的规范有了标准，上层容器运行时管理方案（容器运行时和生命周期，镜像管理、卷管理等）也有统一的趋势。2017 年，Docker 将内部上层运行时管理也做了拆分，推出了开源的 containerd 项目，并将该项目捐献给了 CNCF（cloud native computing foundation，云原生计算基金会），且在 Docker 17.12 内部，直接使用 containerd 1.0。

为了解决链路上直接依赖 Docker 造成的一系列问题，一个直接的想法是：如果能将 containerd 适配 Kubernetes 的 CRI，我们就可以在调用链路上做进一步简化。容器运行时切换至 containerd 如图 5-4 所示，开源社区给出了解决方案。

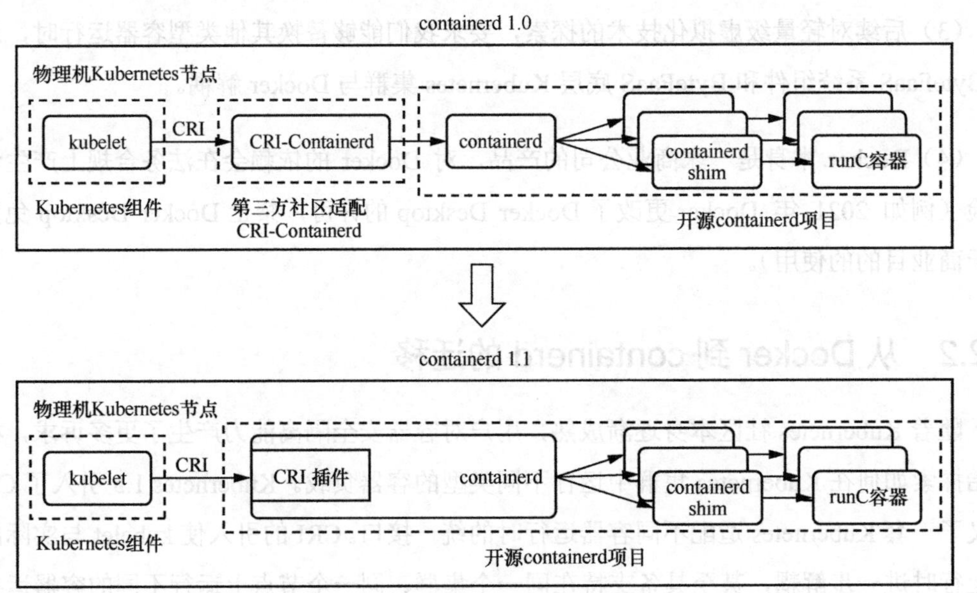

图 5-4　容器运行时切换至 containerd

（1）早期针对 containerd 1.0，开源社区给出了 CRI-Containerd 的解决方案：作为一个独立的组件，为 containerd 适配 CRI，直接从调用链路上摘掉 Docker（以及作为适配层引入的 dockershim）。

（2）containerd 1.1 则更进一步，通过 CRI 插件（plugin）直接适配 CRI。

于是在 2020 年，ByteFaaS 内部组件完成了 containerd 的适配，内部开始逐渐从 Docker 升级到 containerd 运行时，缩短了 Pod 创建数据链路的长度，减少了额外的系统资源开销，增强了稳定性，简化了计算机组件管理的复杂度。

5.2.3 轻量级虚拟化：从 runC 到 Kata Containers

ByteFaaS 内部对 containerd 的适配更多是出于对稳定性的考虑，实际的底层容器运行时依旧沿用了 Docker 的 runC。然而在拓展业务的过程中，runC 已经不能满足我们对封装隔离的需求。

（1）内部场景：一些内部用户对资源隔离、QoS（Quality of Service，服务质量）保障提出了强需求。基于 cgroups 的资源隔离，在流量高峰期，不同用户之间还是会产生噪声干扰问题。

（2）外部场景：面向外部用户的公有云，共享内核的 runC 容器无法满足安全性需求。

在完成 containerd 的迁移之后，我们将目光转向了轻量级虚拟化和安全沙箱技术。综合考量过后我们选择了轻量级虚拟化技术 Kata Containers。

Kata Containers 是一套通过容器镜像启动轻量级虚拟机的容器运行时解决方案。Kata Containers 和基于容器技术的封装隔离对比如图 5-5 所示，Kata Containers 创建的容器运行在不同的虚拟机上，不与宿主机共享内核，相比 runC 容器提供了更好的隔离性和安全性。

简单来说，Kata Containers 启动容器时，会首先启动虚拟机 Hypervisor 进程，通过精简的 Guest Kernel 和 Guest OS 镜像拉起虚拟机；进一步地，虚拟机内的 kata-agent 组件再通过用户提供的容器镜像，创建实际的业务容器。采用 Kata Containers 主要考虑其如下特点。

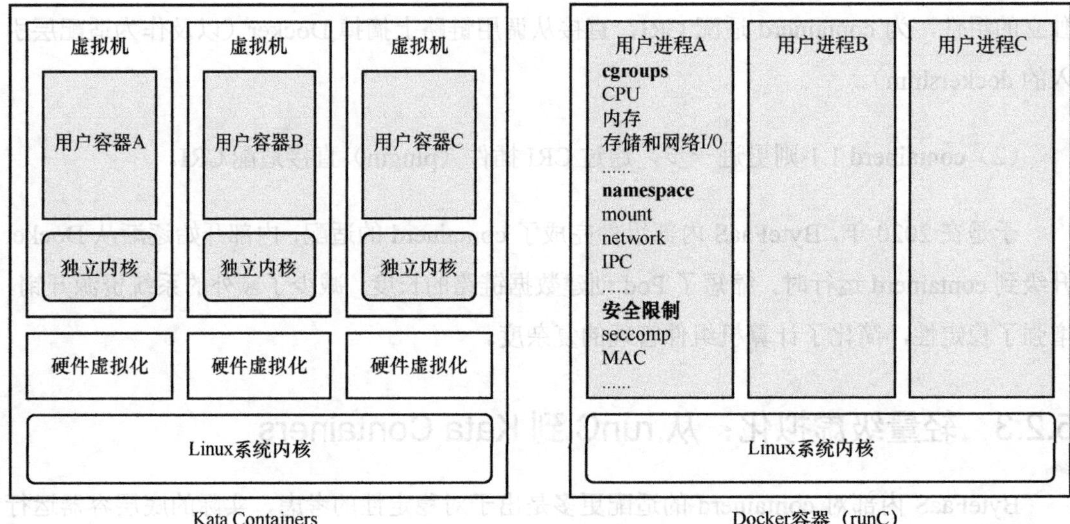

图 5-5　Kata Containers 和基于容器技术的封装隔离对比

（1）接口对齐 OCI 标准，接入 containerd，结合 containerd 的 CRI 插件，方便与 Kubernetes 生态整合。

（2）启动虚拟机的监控器，如 Qemu-KVM、Cloud Hypervisor、Firecracker 等可以灵活替换，为 Pod 启动时长提供进一步优化空间。在实际选型上我们采取了相对更稳妥、兼容性更好的 Qemu-KVM 作为监控器。

针对 ByteFaaS 场景，容器运行时引入 Kata Containers，需要解决以下两个问题。

问题 1：系统组件和 Kubernetes 对 Kata Containers 容器运行时的额外适配。

问题 2：宿主机部署的 HostAgent 等组件对容器内组件（RuntimeAgent 进程）有管控需求，在宿主机与容器内网络隔离的前提下，安全地打通控制指令的下发。

针对问题 1，开源社区已经提供了比较成熟的解决方案：Kata Containers 和 containerd 的社区共同开发并优化了 containerd-kata-shim 的版本 1 和版本 2，可参考图 5-6。kubelet 可以通过 containerd 管理 Kata Containers 创建的虚拟机 Pod，运行在 Kubernetes 上的工作负载和创建、管理工作负载的 ByteFaaS 系统组件无须做改动。

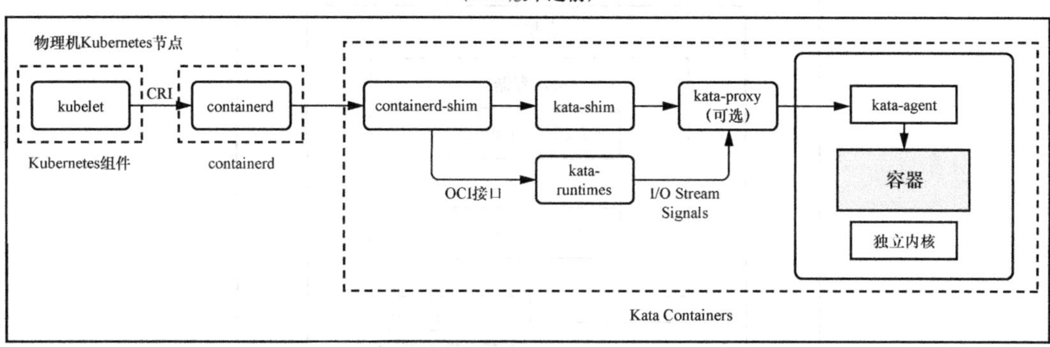

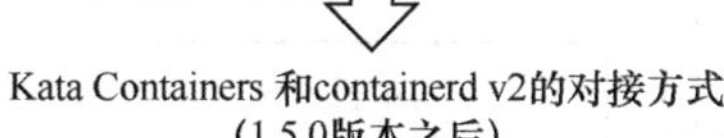

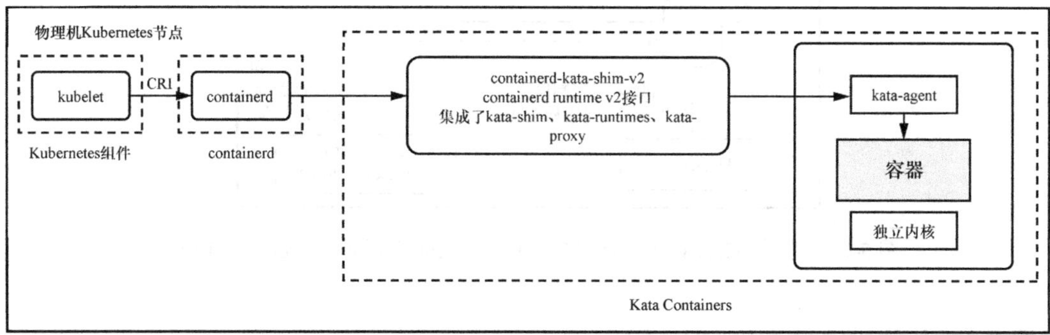

图 5-6 Kata Containers 作为容器运行时的 Pod 启动流程

针对问题 2，出于安全考量，Kata Containers 创建的 Pod 无法与宿主机进行任何的网络通信。然而在 ByteFaaS 启动容器的过程中，代码的下载、容器内 FaaS 函数管控逻辑的初始化，都需要经过宿主机上的 HostAgent 组件下发。

出于安全考虑，如图 5-7 所示，我们考虑复用 Kata Containers 使用的 vsock 通道来实现这条管控路径。Linux vsock 是宿主机与虚拟机之间的通信管道，在 Kata Containers 场景下，vsock 承担了虚拟机外 containerd 与虚拟机内 kata-agent 的通信路径，containerd 通过 vsock 对虚拟机内的应用进程进行管理。同理，在 FaaS 场景下，HostAgent 组件也可以向虚拟机内的 RuntimeAgent 进程发起单向管控请求，只需将原先请求客户端的 TCP 连接替换为 vsock 连接，基本可以实现同一套代码在 Kata Containers、runC 之间的无缝切换。

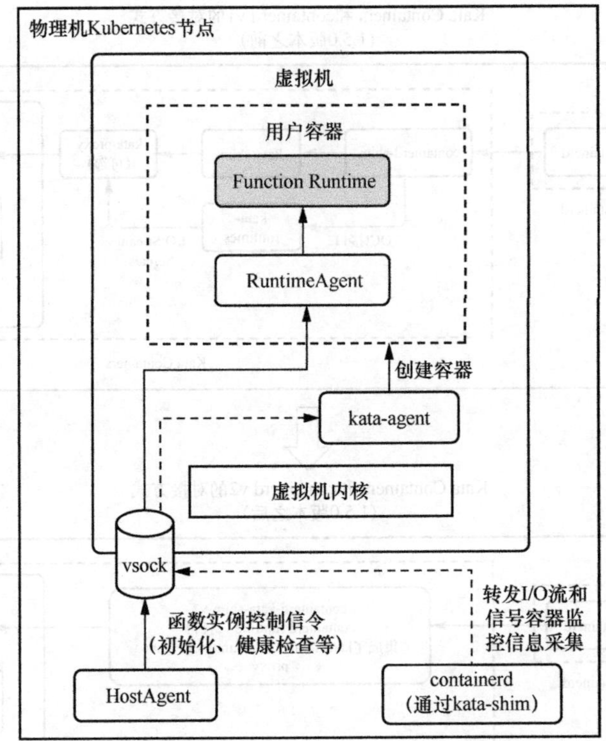

图 5-7　宿主机 HostAgent 组件与 RuntimeAgent 进程通过 vsock 单向通信

5.2.4　Unikernel

基于容器的隔离方式资源开销低、启动速度快，但是不够安全，而采用虚拟机的隔离方式安全性好，却又有启动速度慢、资源开销高等问题。在这种既要安全又要快速的需求促使下，诞生了 Unikernel 运行时方案。

在介绍 Unikernel 之前，我们需要先简单回顾操作系统内核的概念。内核是绝大多数现代操作系统核心的部分，其为硬件层提供抽象，负责管理系统进程、内存、设备、文件系统和网络等，是整个操作系统的基础。根据内核设计理念的不同，大致可分为比较常见的宏内核和微内核，以及仍然处于研究阶段的外内核。宏内核是一个大进程，内部包含操作系统内核的所有模块，模块间通信直接通过函数调用实现，优点是代码集成度高、性能好，缺点是任何一个模块异常都会造成整个系统崩溃。微内核中仅包含进程调度、IPC （interprocess communication，进程间通信）等基础的系统服务，将其他模块从内核中拆分出来作为独立的服务运行于用户态，模块间通过进程间通信的方式交互。在微内核架构下，系统服务之间相对独立，提升了系统的可扩展性和健壮性，但损失了一些性能。外内核的设计走向了一个极端，它的理念是没有硬件抽象，仅提供对硬件的保护和资源分配能力，让应用程序直接访问硬件资源，因此它变得极度精简。

从性能和资源开销角度看，极度精简的外内核无疑是最优选择，但在外内核之上直接开发应用程序是不现实的，意味着应用开发者要从头到尾实现一遍操作系统的各项功能，这几乎是一项不可能完成的任务。此时 Library OS 应运而生，Library OS 介于硬件和应用程序之间，为应用程序提供本该由传统操作系统所提供的各项能力，同时为应用程序提供硬件抽象。Library OS 与传统操作系统不同，它不是进程，而是库（library），它可以和应用程序一起打包构建出一个能够直接运行在硬件之上的大进程，这个进程不是一个可执行文件，而是一个独立的操作系统，这个大进程被称作 Unikernel。

Unikernel 的一般定义是一种专用的、单地址空间的、使用 Library OS 构建出来的操作系统镜像，可以直接在 Hypervisor 或者物理机上运行。图 5-8 对比展示了虚拟机、容器和 Unikernel 这 3 种隔离技术的运行时架构。

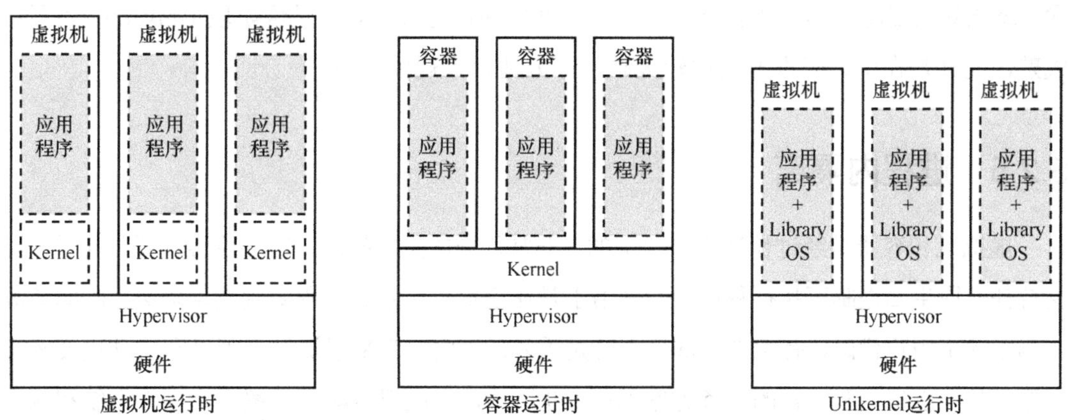

图 5-8 虚拟机、容器和 Unikernel 的运行时架构

采用 Unikernel 运行应用程序有以下几个优势。

（1）安全：运行的东西足够精简，可在极大程度上缩小攻击面，并且 Unikernel 通常运行在虚拟机内，其隔离性由虚拟机保障。

（2）性能好：Library OS 和应用程序代码运行在同一个地址空间，没有传统操作系统的硬件抽象层，不区分用户态和内核态。

（3）体积小：Unikernel 镜像非常小，通常只有数 MB，相比 Docker 容器动辄几百 MB 的镜像要小很多，在云原生场景下，Unikernel 镜像分发压力会小很多。

（4）启动快：相比 Linux/Windows 通用操作系统，Unikernel 包含的内容大幅减少，自然启动快，其启动速度甚至可以达到毫秒级别。

Unikernel 看起来似乎很美好，但实际使用起来还是会面临以下两个非常现实的问题。

（1）问题排查非常困难，当生产环境出现状况时，没有办法像使用虚拟机或容器一样直接登录 Shell 进行排查。

（2）应用程序可能产生额外的移植适配成本。

总之，在需要强隔离的云原生场景下，Unikernel 是一个值得投入的、非常有前景的技术，既能降低资源开销，又能提升应用启动性能和运行性能，但是现阶段 Unikernel 还不够成熟，尤其是在生态建设方面比较欠缺，不太适合大规模应用。

5.2.5 进程内隔离

虚拟机和容器是经过长期生产验证的、非常优秀的隔离技术，它们兼容性好，几乎可以支持任何原生二进制可执行程序，但是由于是在虚拟机级别和进程级别实现隔离，因此函数实例中除了用户代码，有相当一部分内容是重复的，由此带来了资源开销高和启动速度慢等问题。基于虚拟机和容器的隔离方案如图 5-9 所示，在虚拟机隔离方案中，操作系统和应用运行时部分被复制了多次，容器隔离方案则稍好一些，只有应用运行时部分被复制了多次。

采用进程内隔离方案可以很好地解决上述问题，进程内隔离方案如图 5-10 所示，用户代码可以运行在同一个函数运行时进程内，共享函数运行时，可极大程度地复用函数实例的公共部分。正是由于进程内隔离方案将函数公共部分最大限度地从函数实例中剥离出去，使函数实例变得极度精简，从而能够实现毫秒级别的函数冷启动速度以及低至数百 KB 的函数实例内存开销，单个函数运行时进程内可同时运行成百上千个函数实例。

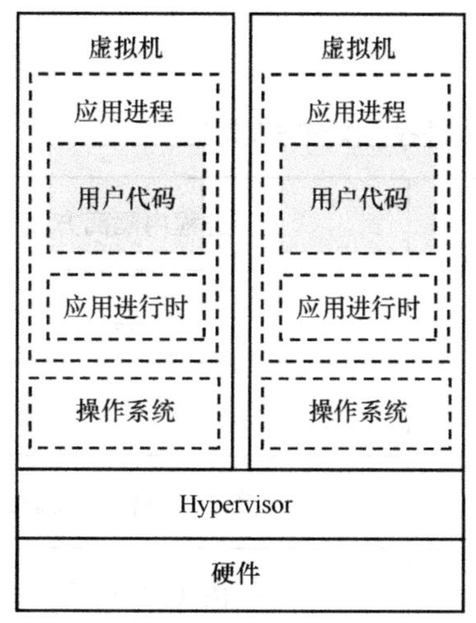

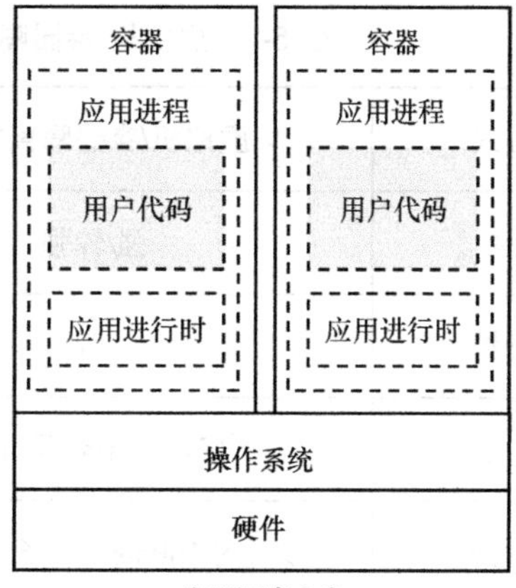

图 5-9　基于虚拟机和容器的隔离方案

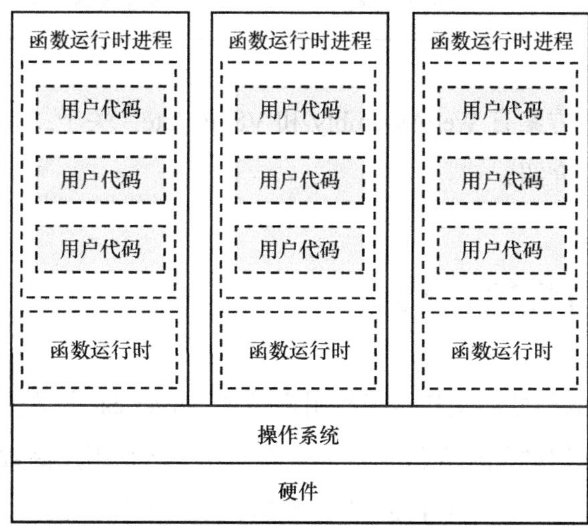

图 5-10　进程内隔离方案

进程内隔离方案为了追求极致的冷启动速度和极低的资源开销走向了一个极端，有得必有失，它在以下两方面有明显的不足：一是它的隔离性与虚拟机或容器隔离方案相比较弱，其隔离强度取决于隔离手段的具体实现，例如采用 V8 Isolate 隔离时，单个 Isolate 实例 OOM（out-of-memory，内存溢出）会使宿主进程崩溃；二是兼容性也相对较差，现有的代码不能无缝移植过来，需要一定程度的开发量，应用场景也比较受限。表 5-2 所示为虚拟机/容器隔离方案与进程内隔离方案对比。

表 5-2　虚拟机/容器隔离方案与进程内隔离方案对比

隔离方式	虚拟机/容器隔离方案	进程内隔离方案
隔离性	强/较强	弱
资源开销	高	低
兼容性	好，应用容易迁移	差，代码需要做适配
冷启动时延	慢（约 100ms，可长达数秒）	快（达到毫秒）
扩容速度	慢	用户无感知
应用场景	几乎不受限	时延敏感、突发流量、业务逻辑简单

常见的进程内隔离方案有 WebAssembly 和 V8 Isolate，关于二者的详细内容和技术细节将会在第 9 章中展开介绍。

5.3　函数运行时性能优化

Serverless 引入的额外性能损耗是阻碍用户尝试 Serverless 技术的顾虑之一。ByteFaaS 团队在函数数据调用链路的优化上做了很多工作，其中运行用户函数代码的函数运行时是重点优化的对象。本节将主要介绍 FaaS 在函数运行时做的优化工作，包括容器内流量代理 RuntimeAgent 进程的性能优化和容器运行时本身资源分配策略的调优。

5.3.1 RuntimeAgent 进程和数据面性能损耗

在 ByteFaaS 产品迭代的初期，我们就引入了 RuntimeAgent 进程，如图 5-11 所示，其主要作用如下。

（1）作为父进程启动并管理用户函数进程、管理用户进程状态、收集用户进程日志等。

（2）接收来自系统组件的控制指令：函数代码加载、用户初始化逻辑、健康检查等。

（3）作为容器内入流量代理，负责流量的管控治理监控。

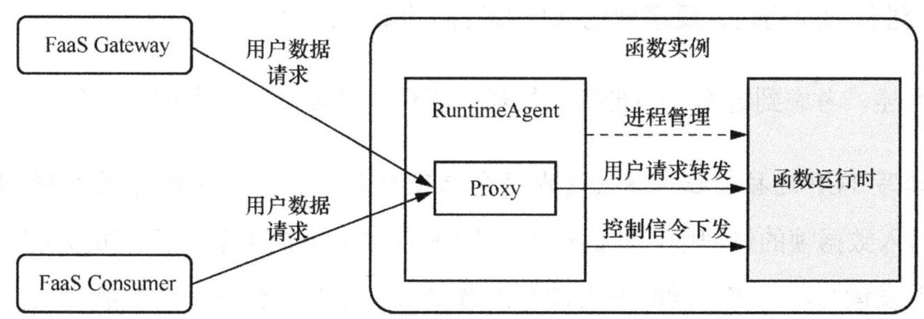

图 5-11 容器内 RuntimeAgent 进程

作为数据面入流量代理，RuntimeAgent 进程不可避免地引入了额外的损耗，尤其是在小包（10 Bytes）场景，以及高并发、高 QPS 压力测试条件下，RuntimeAgent 进程的 CPU 开销大于 50%。考虑到在很多场景下，FaaS 产品只是作为上下游组件的黏合剂（例如消费并解析数据库 binlog，然后写入下游），实际用户的业务逻辑很简单，代理层引入的开销不容忽视。

5.3.2 在 net/http 基础上的优化

RuntimeAgent 进程基于 Go 语言实现，在早期实现中，代理部分直接使用了 Go 原生 net/http 框架。在做完基础的优化（删除不合理的业务逻辑、优化业务逻辑层的代码）后，我们发现在高并发、高 QPS 场景下，Go 原生 net/http 框架本身占了 CPU 开销的 70%，主要开销如下。

（1）在高并发场景下，读写 TCP 连接过程中频繁的内存分配及回收。

（2）在请求转发过程中，涉及多次系统调用，读写 TCP 连接套接字，引入了 TCP 栈本身的开销。

（3）在请求转发过程中，HTTP 请求和相应的内容（请求头字段和请求体）需要分别经过一次复制，在大包（100KB）场景下内存复制的影响比较大。同时，HTTP 请求在读写时分别都会经历内核态和用户态之间的复制，造成程序在内核态和用户态之间的频繁切换。

（4）作为 7 层代理，RuntimeAgent 进程必须完整解析 HTTP 请求。net/http 框架中对 HTTP 请求进行的序列化、反序列化操作对性能的影响很大。

综上所述，考虑到这些开销带来的损耗，我们将从如下几个方面进行优化。

（1）*读写 TCP 连接过程中频繁的内存分配及回收*。在原生 net/http 框架的 HTTP/2 实现中，在写入数据帧的过程中，默认对单个 TCP 连接会维护 4 个缓存，可以同时处理 4 个数据帧的并发读写，当需要同时并发读写的数量大于 4 时，会临时分配额外的缓存空间，并在写入完成后立即释放。

针对高并发场景，默认的缓存分配逻辑很容易导致频繁的内存分配及回收。我们优化 Go 原生 net/http 框架的缓存分配逻辑，针对 FaaS 特殊的场景（CPU 密集型计算），可以灵活配置 net/http 框架中 HTTP/2 读写 TCP 连接时的缓存数量，避免频繁的内存分配及回收，用额外可控的内存空间增长换取 CPU 性能增益。

（2）*优化系统调用和 TCP 栈开销*。为了节省 TCP 栈开销，在 RuntimeAgent 进程到 Runtime 进程的数据链路上，我们将 HTTP Client 的传输层从 TCP 连接替换成 UNIX 域套接字（UNIX domain socket），极大地节省了 TCP 栈本身的开销，极限 QPS 性能提升了 20%。同时，考虑到静态编译型语言的函数运行时很难推动存量用户升级支持（存量用户运行时只支持 TCP），在 RuntimeAgent 进程和 Runtime 进程中我们实现了一套简单的通信路径协商流程，确保后向兼容。

（3）*大包场景优化，减少请求的多次复制*。无论是 TCP 还是 UNIX 域套接字，在

RuntimeAgent 进程请求 Runtime 进程的过程中，都会涉及请求在用户态和内核态之间的 4 次复制（RuntimeAgent 进程写入请求，Runtime 进程接收请求，Runtime 进程写入响应，RuntimeAgent 进程接收响应），其对大包场景的影响尤为明显。一种自然的想法是：如果 RuntimeAgent 进程和 Runtime 进程都在同一个容器内，是否可以直接将请求和响应写入同一块共享内存，减少两次不必要的内存复制。

我们借用了字节跳动的框架研发团队开发的基于共享内存的高性能 IPC 方案 Shared Memory IPC，如图 5-12 所示，其方案的核心是：请求和响应直接写入同一块用户态可以直接访问的共享内存，不写入内核态；请求的开始和结束依旧通过 UNIX 域套接字来通知，然而实际请求内容不通过 UNIX 域套接字传输。

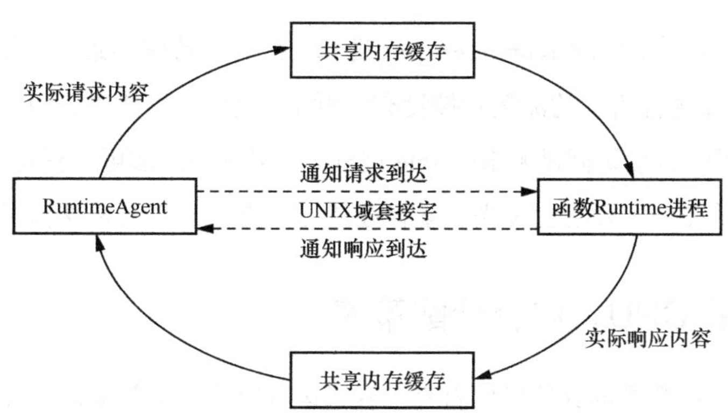

图 5-12 采用共享内存提高大包传输性能

在压力测试的场景下，我们发现小包场景下直接使用 UNIX 域套接字和 Shared Memory IPC 没有太大的差异；而在大包场景下，我们观察到了 15%的峰值 QPS 提升。

（4）进一步提升，替换 net/http 框架。RuntimeAgent 进程需要实现请求级别的流量管控，因此必须作为 7 层代理，完整地识别、解析 HTTP 请求。在 ByteFaaS 演进早期，我们使用了 fasthttp 这个项目。然而，在后续的迭代过程中，为了优化数据链路 TCP 连接数，我们将全链路演进到了 HTTP/2，通过连接多路复用极大地缓解了数据链路连接数过多的问题，但是 fasthttp 本身并没有提供对 HTTP/2 的支持，因此我们又回到了 net/http 框架上继续迭代。

2021 年，字节跳动的框架研发团队推出了新一代高性能的基于 Go 语言的 HTTP 框架 Hertz，相比 net/http 和 fasthttp，它能获得更好的性能增益。ByteFaaS 开始考虑是否可以将原先基于 net/http 的数据面代理迁移至新框架。相比 net/http，Hertz 的主要优化体现在：底层使用了字节跳动内部研发的高性能网络库 netpoll、基于 epoll 模式实现的非阻塞 I/O（non-blocking I/O）服务器。类似 fasthttp，Hertz 内部实现了协程池，避免每一个请求重新创建协程引入的开销，尽可能通过内存池来分配内存资源，就连请求的 Context 也可以被池化，最大程度地减少内存分配的开销。考虑 Hertz 有这些优点，我们对 RuntimeAgent 进程的数据流量代理部分进行了重构，数据面代理和控制指令处理相互解耦，允许数据面代理采取任意框架实现。在小包压力测试的场景下，将 net/http 替换为 Hertz，单核 QPS 进一步提升了 40%，平均请求延迟减少了 36%。

（5）对于特殊场景，绕过 RuntimeAgent 进程。在一些特殊场景下，假如用户的使用场景对 RuntimeAgent 进程引入的流量管控没有强诉求，我们可以考虑让用户的数据流量绕过 RuntimeAgent 进程，直接访问函数 Runtime 进程。虽然这种方法可以获得可观的性能收益，但其对应的代价是在一定程度上丧失流量管控能力，因此只作为特殊情况存在。

5.3.3　更优的 CPU、内存分配策略

除了容器内业务逻辑本身的优化内容，容器运行时本身的资源隔离和分配策略也有进一步优化的空间。通过调整 kubelet 默认的资源分配策略，我们可以在容器运行时获得进一步的性能增益。

字节跳动内部的 ByteFaaS 资源隔离基于 runC 实现，基于 cgroups 分配 CPU、内存等计算资源。kubelet 的 CPU 默认分配策略是 cpu-manager-policy=none，这种场景下计算机上所有的 CPU 资源都会隶属于一个共享的 CPU 资源池，并从 CPU 资源池中分配。CPU 资源池中分配的 CPU 资源只保证分配足够的 CPU 时间片，并不能保证在程序运行过程中绑定同一个物理核心，受到 CPU 缓存和调度亲和性的影响，一些类型的负载会受到比较大的影响。

如果将 CPU 分配策略改成静态（static），当 Pod 的 QoS 级别为 Guaranteed（CPU/内存资源申请=资源上限），并且 CPU 申请核心数量为整数倍时，kubelet 会将容器绑定至固定

的 CPU 物理核心，在 runC 容器运行时场景下绑定核心是通过 cgroups 的 cpuset 功能实现的。静态策略下不同 QoS 级别 Pod 的 CPU 资源分配如图 5-13 所示。

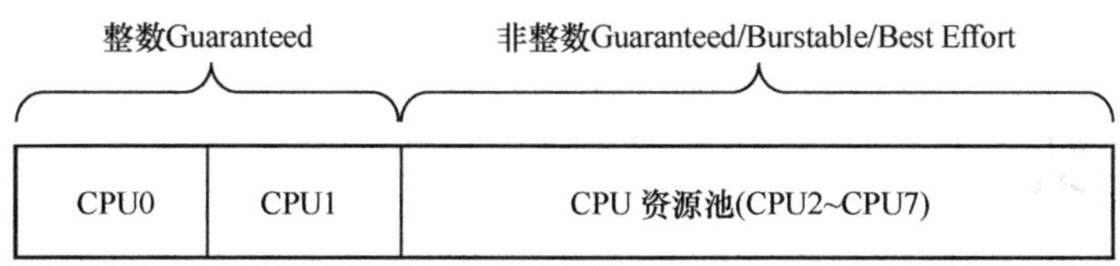

图 5-13 静态策略下不同 QoS 级别 Pod 的 CPU 资源分配

另一方面，单纯地绑定物理核心并不足以获得性能提升：对大多数应用来说，尤其是当应用运行在多核 NUMA（Non-Uniform Memory Access，非统一内存访问）架构时，内存与 CPU 存在亲和性关系。NUMA 架构如图 5-14 所示。当应用分配的内存与运行应用程序的 CPU 处于同一 NUMA 节点时，CPU 访问内存可以获得最短的访问时间。然而，如果内存分配与 CPU 分配不在同一个 NUMA 节点，反而会引入额外的远程访问开销。例如，在 Intel 芯片中，需要跨越 QPI（quick path interconnect，快速通道互联）总线访问远程节点的内存。

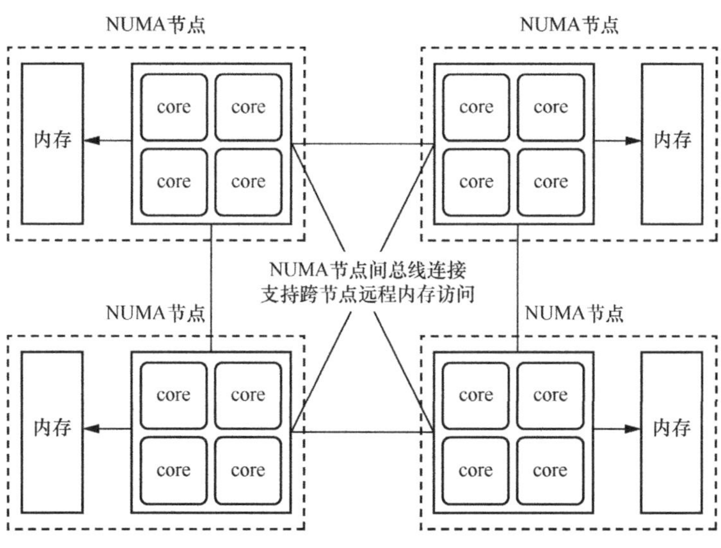

图 5-14 NUMA 架构

Kubernetes 1.18 引入的 memory-manager 可以感知 NUMA 亲和性，尤其是在 FaaS 场景下，CPU、内存规格较小，结合静态的 CPU 分配策略，可以以少量资源碎片化的浪费为代价，获取可观的性能增益。

5.4　本章小结

本章首先介绍了函数运行时的结构和接口规范，并举例介绍了 handler( )函数的名称和参数类型；然后介绍了函数实例生命周期，包括函数实例初始化阶段、函数请求调用阶段和函数实例退出阶段；接着介绍了函数运行时的资源及安全隔离技术在不同应用场景下的选择，来保证执行效率、安全隔离性和通用性能够满足不同应用场景的需求。最后介绍了对函数运行时的性能优化，来逐步降低流量代理过程中的系统开销，提升函数请求访问性能。

第 6 章 FaaS 触发器

在函数计算场景中，函数的执行均由事件驱动，通过触发器封装各种事件源，屏蔽事件接入的细节和复杂性，完成对事件的接入。对触发器的抽象能够简化开发流程，让业务专注于具体的业务逻辑，提高开发效率，降低开发成本。本章将介绍 FaaS 平台常见的触发器，并对 MQ 触发器的设计与实现、MQ 触发器在大规模场景下的优化以及基于 MQ 触发器的第三方触发器的接入做深入的探讨。

6.1 FaaS 平台常见的触发器

针对 FaaS 常见的使用场景，FaaS 平台支持众多的触发器。本节将会介绍触发器的分类以及非 MQ 触发器的设计与实现。在 6.2 节，我们将对 MQ 触发器的设计与实现做更加详细的介绍。

6.1.1 触发器的分类

根据不同的使用场景，FaaS 平台的触发器主要分为如下几类。

(1)HTTP 触发器：HTTP 请求是函数计算中常见的使用方式之一，FaaS 平台通过 HTTP 触发器进行 HTTP 触发的接入。每个函数默认配置一个 HTTP 触发器，并为其分配一个固定的独立域名，只要请求这个域名就能够以 HTTP 触发函数执行。函数只需要实现对应的接口即可处理 HTTP 请求，无须关注对 HTTP 和 HTTP 服务器的管理。

（2）**服务发现触发器**：服务发现，即客户端自动发现服务地址列表的能力。借助服务发现，微服务之间可以在无须感知对端部署位置与 IP（internet protocol，互联网协议）地址的情况下实现通信。服务发现触发器本质上是在 Gateway 组件的基础上做了一层封装。当配置服务发现触发器时，函数的所有实例地址会自动地注册到微服务框架服务中，当上游服务需要对函数发起请求时，使用微服务框架即可直接访问。通过服务发现触发器，可以保证函数调用和其他微服务调用的一致性，也为将传统的 PaaS 服务向 FaaS 迁移降低了难度。

（3）**定时触发器**：定时触发器是以定时请求作为事件源的触发器。函数配置定时触发器后，会有一个 Timer 组件负责管理对应的定时触发器。当定时触发器的定时规则（如每周三 14：00）被命中时，就会由 Timer 组件根据对应定时触发器配置的请求内容触发函数执行，起到定时调用函数的目的。

（4）**MQ 触发器**：MQ 触发器是指以 MQ 中的消息作为事件源的触发器。根据所需消费的 MQ 的信息配置对应的 MQ 触发器，函数即可处理 MQ 中的消息。在处理消息时，函数无须关注如何从 MQ 中获取消息等复杂逻辑，只需专注处理消息的逻辑、返回处理结果即可。

（5）**第三方触发器**：除了上述 4 种触发器，FaaS 平台还支持第三方事件源的触发。第三方事件源指的是由第三方平台直接触发的事件源，如数据库的变更事件和对象存储的操作事件等均可以看作第三方事件源。支持第三方事件源丰富了 FaaS 的使用场景，提高了业务的开发效率。

通过对以上 5 类触发器的支持，函数计算实现了对核心计算场景的全覆盖。接下来，我们将会对一些触发器的具体设计和实现展开阐述。

6.1.2 HTTP 触发器的设计与实现

每个 HTTP 触发器所对应的独立域名的后端服务即 Gateway 组件。当 HTTP 请求到达

Gateway 组件后，Gateway 组件会将函数请求根据所请求的独立域名转发给对应函数。关于整个 HTTP 请求在数据面的过程，我们在第 4 章中做了详细的介绍，本节不赘述。

在字节跳动内部，Gateway 组件接入了鉴权系统，当有经由 Gateway 组件请求某个函数时，Gateway 组件会对请求进行鉴权检查，如果函数开启了鉴权且请求没有携带对应的鉴权信息，Gateway 组件可以直接拒绝请求，起到函数鉴权的作用。

在多机房场景下，函数可以配置是否在某个机房开启。当请求发起在未部署的机房时，Gateway 组件可以根据函数配置将对应的请求转发到可用机房，这个功能在函数下游遭遇故障时，可以起到容灾的作用。

6.1.3 服务发现触发器的设计与实现

对传统的 PaaS 应用来说，借助于自动化的服务发现，微服务之间可以在无须感知对端部署位置与 IP 地址的情况下实现通信，降低经过中心化 Gateway 组件所带来的额外开销。同时在进行多区域部署时，不再依赖于和区域强绑定的独立域名，各个区域的配置可以得到统一。

服务发现触发器的核心设计要点是，当业务选择配置服务发现触发器的时候，数据面架构将对应的函数实例上报给服务发现中心，并负责对其实时更新。在上报到服务发现中心后，其他服务在调用函数时使用服务发现框架即可自动对函数发起请求。同时，对已有的传统 PaaS 服务来说，服务发现触发器可以更好地帮助将传统 PaaS 服务迁移到 FaaS 平台。

6.1.4 定时触发器的设计与实现

定时触发器由 Timer 组件负责完成对函数执行的定时触发。Timer 组件是一个中心化的服务组件，它会从 Regional Server 组件中获取所有定时触发器的源信息。根据定时触发器中所配置的定时规则以及对应函数支持的协议（HTTP 或 RPC）将对应的定时请求通过 Gateway 组件触发函数执行。

为了避免某些定时请求间隔过长导致函数缩零引起的冷启动，Timer 组件会根据定时触发器所配置的定时规则，在请求前对可能会发生冷启动的函数通过弹性伸缩组件进行主动扩容，避免冷启动的发生，进一步保证定时请求的准点执行。

本节主要介绍了 HTTP 触发器、服务发现触发器以及定时触发器的设计与实现。接下来将对 MQ 触发器（FaaS 平台中流量最大的触发器）的设计与实现以及在 MQ 触发器大规模场景下的优化进行详细的介绍和探讨。

6.2 MQ 触发器的设计与实现

MQ 消费是在业务场景中常见的一种业务类型，无论是离线的数据计算，还是在线的实时消息，都会选择 MQ 作为中间件来对业务进行异步处理和解耦。MQ 触发器因此成为 FaaS 平台最大的流量入口，占整个平台 95%以上的流量。本节将围绕 MQ 触发器的整体设计以及如何处理并发、反压、限流等基本功能来对 MQ 触发器的设计与实现进行阐述。

6.2.1 MQ 触发器的整体设计

从业务角度出发，单一的函数可以根据消息的不同对多个 MQ 的消息进行处理，即一个函数可以接入多个 MQ 触发器。如果将 MQ 触发器和函数作为一个部署单元进行部署，当多个 MQ 触发器出现规格或者流量的不一致时，就无法保证很好的拓展性，也无法在变更时做到互不影响，因此需要将 MQ 触发器和函数进行解耦设计，如图 6-1 所示。

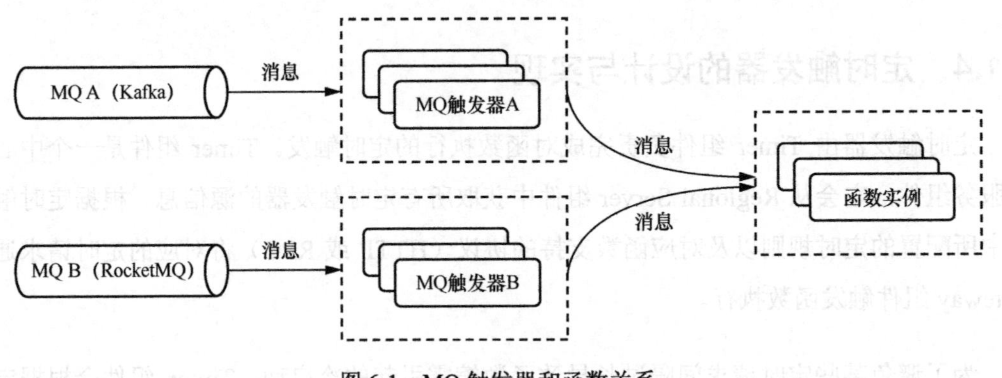

图 6-1　MQ 触发器和函数关系

每一个 MQ 触发器都会作为独立的部署单元在 Kubernetes 中进行部署，触发器和触发器之间相互独立，触发器和函数之间通过 HTTP 或者 RPC 协议进行交互。当函数发生变更时，触发器不会因为函数变更发生重启，当触发器发生变更时，其他触发器和函数也能保持稳定状态，相互之间做到了解耦。同时，函数的规格以及每个触发器的规格也可以根据实际负载进行独立配置，避免了因耦合绑定而导致资源不匹配的问题。

MQ 触发器需要针对消息的接入、请求的并发控制、请求的反压控制以及限流等设计模块来完成对应的功能。MQ 触发器架构如图 6-2 所示，主要包含如下组件。

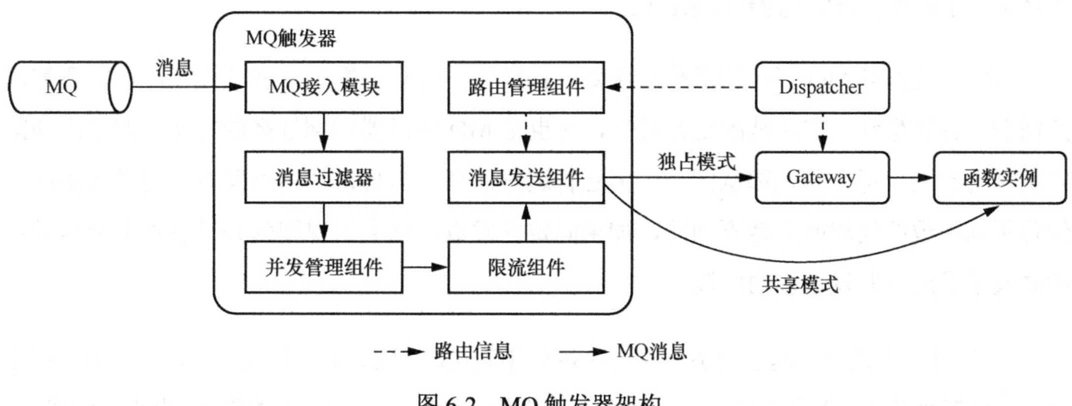

图 6-2 MQ 触发器架构

（1）MQ 接入模块：由于需要支持不同的 MQ 类型，因此在 MQ 接入侧适配不同的 MQ Consumer SDK，从 MQ 侧获取消息。

（2）消息过滤器：对一些超大规模流量的 MQ 消费而言，如果存在大量不需要处理且可以直接过滤的消息，则可以配置对应的消息过滤器来对消息进行过滤。

（3）并发管理组件：并发管理组件负责控制 MQ 触发器请求函数的并发，分配对应的并发给对应的消息，当函数出现较多错误时，负责降低并发达到反压的效果。

（4）路由管理组件：路由管理组件负责实时从 Dispatcher 组件获取对应的函数路由，当 MQ 触发器和函数之间的连接数过多时，负责对大规模函数路由进行分片。

（5）限流组件：在每次将消息投递到函数前，由限流组件根据当前实例的限流状态对请求进行限流。由于限流是动态变化的，限流组件还需要负责维护对应的限流状态。

（6）消息发送组件：消息发送组件是一组接口实现，负责将并发管理组件传递过来的消息进行编码，然后通过路由管理组件获取对应的路由，将消息投递给函数。

MQ 接入模块会通过 MQ Consumer SDK 拉取消息，并将消息交由并发管理组件处理。接下来我们将重点阐述如何对并发管理组件进行并发管理。

6.2.2　触发函数的并发控制

MQ 触发器将 MQ 消息请求传给函数，如何管理请求函数的并发就成了一个需要解决的问题。容易想到的方法是固定并发数，这也是 MQ 触发器初期选择的方法。通过启动固定数量的并发，每个并发都从同一个消息管道里面获取消息，然后触发对应的函数实例。但是不同函数的处理能力是不同的，如果固定并发数，就会出现因为并发设置不合理导致的并发不足或者并发过多的问题。

因此，FaaS 提出了基于动态并发池的并发管理方式。因为并发池是动态的，当并发不足时，可以新建额外的并发来满足触发需求；当并发过剩时，又可以通过降低并发来节约资源。

MQ 触发器并发控制架构如图 6-3 所示，在动态并发池的管理中，各个组件的功能如下。

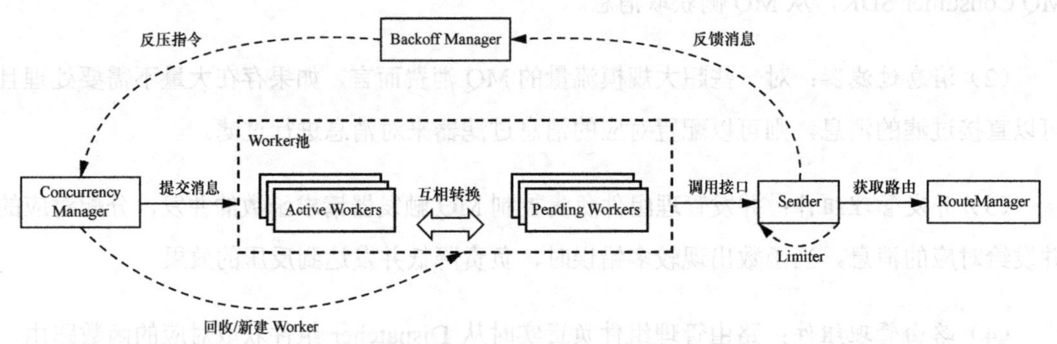

图 6-3　MQ 触发器并发控制架构

（1）Concurrency Manager 组件的职责是管理动态并发池。每当拿到一条消息时，就会从并发池里取一个空闲并发去处理对应的消息；如果此时没有空闲的并发，就需要新建一个并发来处理；如果已经达到并发池的数量上限，则本条消息会被阻塞；如果有并发出现较长时间的限制，就需要将对应的空闲协程回收，以节约资源。

（2）Worker 代表的是并发池里的并发，背后的实现是一个协程，它的生命周期受到 Concurrency Manager 组件的管理。每个 Worker 都有一个消息管道用于接收来自 Concurrency Manager 组件的消息投递并负责调用对应的 Sender 组件去处理消息。其中，正在处理请求的 Worker 称为 Active Workers，等待调度的 Worker 称为 Pending Workers，按照一定的调度策略 Active Workers 和 Pending Workers 会相互转化。

（3）Sender 组件是一个封装了发送消息的接口。MQ 触发器会根据函数类型的不同去适配不同的发送逻辑，如果函数本身支持的是 HTTP，就需要调用适配 HTTP 的接口；如果函数支持的是 RPC 协议，就需要调用适配 RPC 协议的接口。Sender 组件需要和 Route Manager 组件进行交互，在每次请求前获取对应的函数路由。Sender 组件还需要通过 Limiter 组件的 Limit 接口来决定本次请求是否需要进行对应的限流措施。当消息处理失败时，Sender 组件需要根据错误类型和用户配置执行相应的本地重试逻辑。

（4）RouteManager 组件负责管理对应的函数路由。首先从数据面的路由服务获取对应的函数路由，然后缓存到本地，并且根据当前的函数配置返回不同类型的路由。如果函数开启了独占模式，就需要返回可以严格管控并发的 Gateway 组件的地址，否则可以直接返回函数实例的地址，让 Sender 组件直接请求函数实例，绕过 Gateway 组件，进一步降低数据链路上的开销。

（5）Limiter 组件负责对请求进行限流，其具体的实现将在 6.2.4 节中做进一步的介绍。

6.2.3 函数调用的反压控制

MQ 触发器将消息拉取后，通过并发控制能够将消息请求到对应的函数实例，并且由于并发池是动态的，当并发不够的时候可以自动地增加并发来提高吞吐量。但是并发不一定越多越好，当下游负载过高时，如果继续增加并发就会浪费额外的资源，产生很多不必要的错误，并且可能导致下游崩溃。因此，当下游出现负载较高的错误时，就需要对函数调用进行反压控制，从而避免无效的额外请求。

基于 6.2.2 节中提到的并发控制，我们引入了 Backoff Manager 组件这个角色。Backoff Manager 组件会将自己的接口注入 Sender 组件，Sender 组件通过接口可将实时的流量和负载情况上报给 Backoff Manager 组件。当限流流量或者其他负载过高的流量超过总流量的阈值时，Backoff Manager 组件就会回调 Concurrency Manager 组件的接口，通知 Concurrency Manager 组件对 Worker 数量进行控制，不需要再额外新增 Worker。

当开始进行反压控制后，即使有新消息被提交给 Concurrency Manager 组件，Concurrency Manager 组件也不会分配新的 Worker 给新提交的消息。当有空闲的 Worker 出现时，如果当前总的正在运行的 Worker 数量超过了 Backoff Manager 组件设置的容量，也会被立即回收，而不是继续留在 Worker 池里。

当实时上报的需要进行负反馈的流量为 0 或者低于总流量的某个阈值时，Backoff Manager 组件则会逐步释放之前给 Concurrency Manager 组件施加的负反馈限制，从而使 Concurrency Manager 组件能够根据需求逐步地增加 Worker 的数量。

6.2.4 触发函数的限流控制

通过动态并发控制和负反馈，目前已经能够很好地处理 MQ 消息到函数的触发了。但是负反馈是在下游出现负载错误时才能够做的动作，为了能够提前避免函数下游崩溃，FaaS 平台为 MQ 触发器提供了限流功能。

MQ 触发器的实例数量是实时变化的，如果仅对每个实例进行固定数量的限流，总限流值就会随着实例数的波动而波动，无法达到限流的目的。因此，我们需要对多个 MQ 触发器实例进行统一的限流，无论 MQ 触发器实例的个数如何变化，总的限流值都保持不变。同时，由于每个 MQ 触发器的流量可能会非常大，达到千万级别的 QPS，因此在设计限流方案时需要尽可能地降低额外的开销。

1. 第一阶段的限流方案

为了尽可能地降低额外开销，FaaS 平台在第一阶段选择了在每个单实例上独立限流，并根据实时的实例数动态地调整每个实例上限流的阈值，即每个实例会知道总的限流值 m，然后取得总的实例数 n，那么每个实例需要进行的限流值则为 m/n。这样即使实例数发生变动，总的限流值 m 仍然可以保持不变。

第一阶段的限流方案的优点是简单和可靠，无须引入额外的依赖即可完成低开销的整体限流。但是也有一个缺点，即无法很好地处理流量不均衡的场景。每个触发器实例只会消费部分 MQ 中的分区（Partition），由于发送策略的不同，Partition 和 Partition 之间的消息数量可能不均匀，那么触发器实例和触发器实例之间在消费的时候就会出现不均匀的情况。有的触发器实例所消费的消息可能会很多，已经达到所在实例的限流上限并发生了限流，而有的触发器实例却没有什么消息。从整体来看，就是在没有接近总的限流阈值的时候就已经发生了限流。

为了弥补第一阶段的限流方案的缺点，使真实的消费流量能够接近总的限流值，FaaS 平台提出了中心化动态调整的分布式限流方案，即第二阶段的限流方案。

2. 第二阶段的限流方案

中心化动态调整指的是始终有一个中心化服务来为每个实例动态地设置限流阈值，同时保证各个实例之间总的限流阈值是不变的。而在每一个实例上，Limiter 组件仍然根据所分配的限流值来对消息进行限流。由于限流仍然只在触发器实例本地发生，因此中心化限流的改造不会给触发器带来显著的额外资源开销。

为了实现中心化动态调整，就需要引入一个中心化服务来维护每个触发器的限流状态，并根据各个触发器实例实时上报的流量情况进行动态的调整，我们将这个组件命名为协调者（Coordinator）。

Coordinator 组件实现了一个中心化服务，通过 etcd 选出唯一的主实例 Coordinator Server Leader，其他 Coordinator 实例则处于待机状态，当主实例发生宕机或者异常退出时，则由其他 Coordinator 实例通过选主重新选出主实例接管之前的服务。

Coordinator 组件架构如图 6-4 所示，每个 MQ 触发器实例会实时上报心跳和流量到 Coordinator 主节点，Coordinator 主节点会根据汇总的流量为流量多的实例分配较多的限流配额（Quota），为流量小的实例分配较少的限流配额，但会保证总体配额等于总限流值。通过 Coordinator 组件对整体限流配额进行再分配，可以解决在流量不均衡时限流无法达到上限的问题。

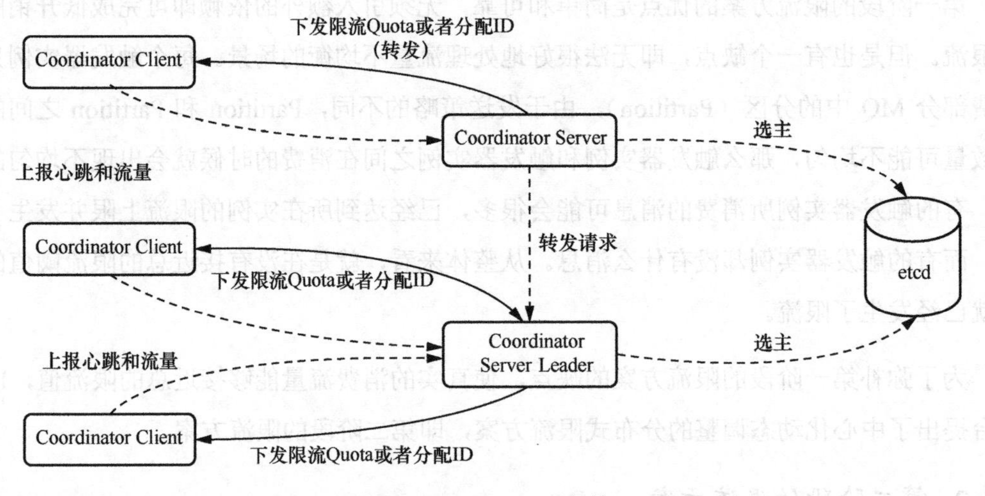

图 6-4　Coordinator 架构

6.3 MQ 触发器在大规模场景下的优化

前文中提到，MQ 触发器占 FaaS 平台流量的 95%以上，而大规模流量也会带来一些在小流量场景下不曾遇到的问题。本节将会结合 FaaS 平台实践经验，围绕大规模场景，对如何降低资源开销、如何降低流量抖动、如何保证横向拓展 3 个方面的优化进行阐述。

6.3.1 消息的高效过滤

在超大规模 MQ 消费场景下，部分业务对 MQ 的消息不需要将其全部处理。触发器与过滤器的关系如图 6-5 所示，触发器到函数这条链路，实际是通过 HTTP 或者 RPC 协议进行通信的，如果所有消息都在函数侧进行处理，所造成的网络开销、CPU、内存等资源消耗比较大，尤其当部分业务达到千万级别 QPS，而实际有用消息只有几万时，就会浪费大量的函数资源。

因此，在这种场景下，可以在 MQ 触发器侧进行简单的消息过滤，减少将消息请求到函数侧的开销，以节约资源。为此，我们在 MQ 触发器中引入了过滤器（filter）的概念。

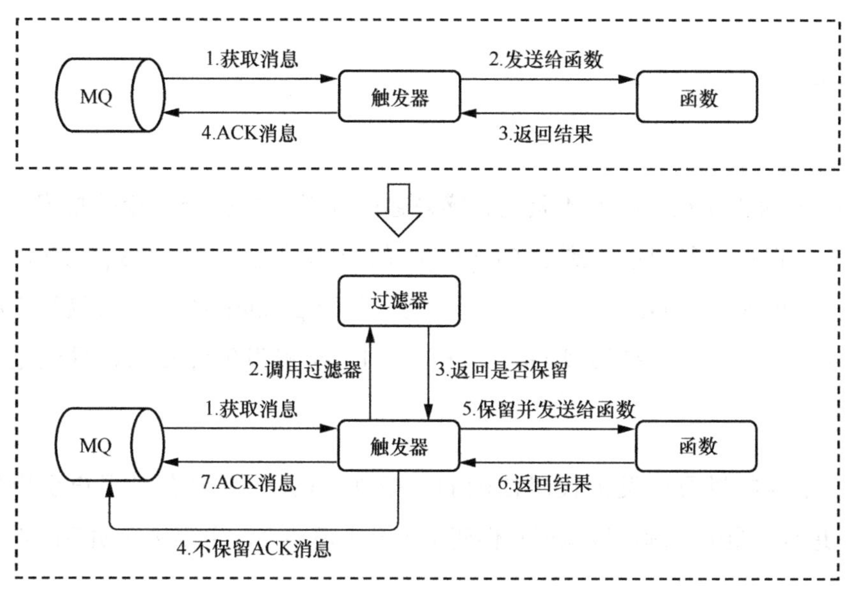

图 6-5　触发器与过滤器的关系

Go 语言插件（Go plugin）支持动态编译、加载自定义代码等，为过滤器实现提供了解决思路。例如以下代码，用户仅需实现过滤函数，返回 true 或者 false 来决定是否将该消息发送给函数实例。平台会将这段代码以 Go plugin 的形式加载到 MQ 触发器的实例中运行。其中，msg 字段为用户写入 MQ 的数据，header 中为消息所属 MQ 的源信息，如 topic、consumer group 等信息。用户可以通过自定义的规则对数据进行检验，来决定当前消息是否需要被过滤。

```
package main

import (
   "bytes"
)
```

```
func IsKeep(msg []byte, header map[string]string) bool {
  if header["topic"] == "test" {
    if bytes.Contains(msg, []byte(`"event":"test"`)) {
      return true
    }
  }
  return false
}
```

Go plugin 的实现机制在此不赘述，感兴趣的读者可自行查阅相关技术细节。在实现过滤器的过程中，我们也遇到了 Go plugin 的一些限制。使用 Go plugin，需要主程序与插件程序所使用的 Go 语言版本完全一致，基于 go mod 的所有依赖的库版本也必须完全一致，否则主程序在加载 Go plugin 的时候会触发编译报错，导致主程序无法启动。

由于以上限制以及触发器代码依赖的复杂性，FaaS 平台会对用户引用的依赖包（package）进行一定的处理，以保证它们两两不会出现冲突，主要包含如下两点。

（1）限制用户能够使用的 package，即用户只能使用 Go 的原生 package，以及 FaaS 平台指定的 package。

（2）为避免 MQ 触发器的代码编译所采用的 Go 版本升级，导致与已经编译好的 Go plugin 版本不兼容，FaaS 平台决定在 MQ 触发器启动时对过滤器插件进行本地编译，以保证 Go 版本完全一致。

图 6-6 所示为过滤器加载到 MQ 触发器的完整流程。首先会对用户过滤器代码进行审查，通过语法树分析，如果使用了非原生的 package 或非 FaaS 平台指定的 package，需要进行提示和报错，在代码审查通过后，将相应的代码存储到对象存储中。当 MQ 触发器启动的时候，根据动态传入的参数，获取需要加载的过滤器源代码的下载地址，在 MQ 触发器下载过滤器源代码包后，将在本地进行编译和加载。引入过滤器能够极大地节约处理无用消息的开销，最大时可以节约接近 90%的资源，这对大规模 MQ 消费场景来说无疑是一个很大的优化。

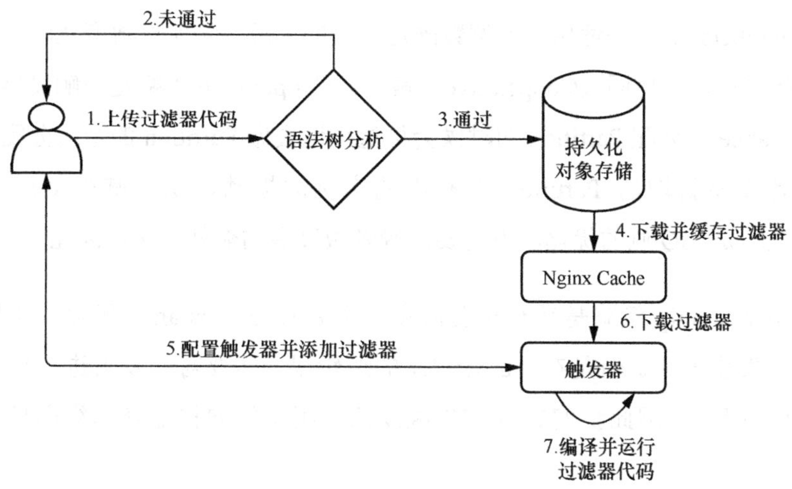

图 6-6 过滤器加载到 MQ 触发器的完整流程

6.3.2 触发器的重新平衡优化

大规模 MQ 消费场景的另一个问题就是对业务抖动的容忍性较低，因为在百万级别的 QPS 下，短时的抖动可能瞬间就会带来亿级别的消息堆积。因此，如何减少消费过程中的抖动是大规模 MQ 消费场景必须解决的痛点问题。

在 MQ 的世界里，重新平衡（rebalance）是一个绕不开的话题。每一次 rebalance 都会给消息的消费带来抖动，而且由于对 MQ 触发器引入了动态扩缩容机制，每一次动态扩缩容都会引起 rebalance，从而使 rebalance 变得更加频繁，因此需要对触发器的 rebalance 进行优化。

字节跳动内部的 MQ 团队针对 MQ 消费者（MQ Consumer）重启时引起的 rebalance 推出了一种新的 rebalance 策略，即静态成员（Static Membership）。Static Membership 策略简单来说就是为每个 MQ Consumer 分配一个固定的实例 ID，当这个实例发生重启时，只要 ID 不变，这个实例被分配的 Partition 就不会改变，而且这个实例在重启时，不会引起全局的 rebalance，从而避免了大范围的因为 rebalance 导致的消费抖动。经过实测，在引入 Static Membership 策略后，因为实例重启导致 rebalance 时，数据积压减少了 95%，流量抖动时间缩短了 70%。

Static Membership 策略适用于实例数固定不变的情况，当实例数变化时，就需要采用另一种重分配策略，即协同（Cooperative）策略。Cooperative 策略是当触发器实例数发生变化时，rebalance 在分配 Partition 的时候会尽量少地去做 Partition 的全局分配，将多余的 Partition 或者需要新增的 Partition 在有限的实例间挪动，从而减少全局抖动。由于 Cooperative 策略是 MQ 侧的优化，不需要消费者做过多的额外工作，因此这里不赘述。

Static Membership 策略是针对触发器实例重启时的 rebalance 优化，可以看出其前提是实例数不发生改变。但是在 Autoscaler 的逻辑里，需要对触发器进行自动扩缩容以达到节约资源的目的，因此我们针对 MQ 触发器采用了横向扩缩容和纵向扩缩容相结合的方式。

所谓横向扩缩容指的是单个实例的规格不变，仅对实例数做增减操作。纵向扩缩容则相反，实例数不发生改变，实例的规格即单个实例所需要的内存和 CPU 资源发生变化。同时，为了能最大化利用 Static Membership 策略，在扩缩容的时候会优先进行纵向扩缩容，当达到单个实例规格的上限或者下限后再进行横向实例数的调整。

Static Membership 策略的核心是给触发器实例维护一批唯一的 ID，当实例发生重启时，对 ID 进行回收和二次分发，因此我们复用了 Coordinator 组件来做触发器实例 ID 的管理和分配。如图 6-4 所示，Coordinator 组件的架构主要包含 3 个部分。

（1）**客户端**（Client）：触发器实例，触发器实例和 Coordinator 组件之间会维护一个心跳，来确认分配出去的 ID 是否存活。

（2）**服务器端**（Server）：负责转发请求给 Server Leader，在 Server Leader 退出时，可以通过选主转变为新的 Server Leader。

（3）**主服务器端**（Server Leader）：Server Leader 负责管理 ID 的分配。

当 Client 启动时，需要访问 Server Leader 实例去申请获得一个 ID，如果访问的 Server 实例不是 Server Leader，则会将请求转发到对应的 Server Leader 实例上。Server Leader 会根据申请先从本地的缓存中查询是否有空闲的 ID，如果没有则会去数据库中查询。如果没有空闲的 ID 则会为当前请求新生成一个 ID，并将对应的 ID 异步写回后端的存储中，当 Client 退出时，需要将分配的 ID 通过一次请求交还给 Server，Server 将对返回的 ID 状态进行更新，以便下一次进行重新分配。

由于 MQ 触发器在横向扩缩容时实例数还会发生变化，因此 Autoscaler 在对触发器做横向扩缩容时，需要和 ID 生成器（Generator）进行交互，对 ID 进行减少或者新增，以便在扩缩容后仍能使用 Static Membership 策略。

通过对 Static Membership 策略的支持，在 FaaS 平台上大规模 MQ 消费场景的消费抖动得到了极大地优化，而这对 FaaS 平台的业务是零成本接入的。

6.3.3 超大规模函数的连接数分片优化

在前文中提到，MQ 触发器和函数是独立部署的，因此触发器实例会拿到所有对应的函数实例，然后通过循环的方式将请求传给所有的函数实例。连接数分片优化效果如图 6-7 所示，假设下游有 n 个函数实例，触发器的并发度为 k，则每个触发器实例都会请求 $n\times k$ 个连接，如果有 m 个触发器实例，则每个函数实例会收到 $m\times k$ 个连接，总共会建立 $m\times n\times k$ 个连接。以 100 个触发器实例、100 个函数实例、并发度为 10 进行计算，总共会建立 100×100×10 = 100 000 个连接。当实例数过多的时候，会造成因连接数不够而导致系统报错并且浪费大量内存的问题，因此需要对超大规模函数的连接数进行优化。

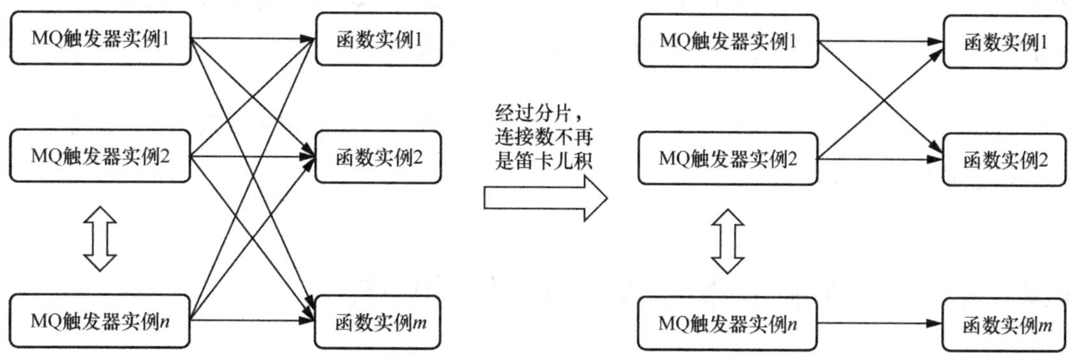

图 6-7 连接数分片优化效果

连接数优化最直接的想法就是对其进行分片优化，即每个触发器实例没有必要去依次请求所有的函数实例，而是根据一定的规则只请求一部分函数实例即可。在自动扩缩容的时候，需要考虑到重新分片，这个时候需要考虑请求的可用性和稳定性。另外，需要尽量减少对外部组件的依赖，因为额外的外部依赖会降低服务的稳定性和可靠性。

获取函数的所有实例信息，并按照固定规则排序（如 IP 地址+端口，或者 PodName）；获取触发器的所有实例信息，并按照固定规则排序（如 IP 地址+端口，或者 PodName）。这样，每个函数实例以及触发器实例在排序列表的位置都是相对固定的。当触发器实例自己所在的位置，以及每次拿到的函数实例列表都相对固定的时候，就可以做固定映射的分片了。

假设有 n 个触发器实例，分别是 x_1，x_2，x_3，…，x_n；有 m 个函数实例，分别是 y_1，y_2，y_3，…，y_m。分片的方案是每个函数实例可以与 h 个触发器实例共享，则每个触发器实例可以请求 $m \times h / n$ 个函数实例，则对第 i 个触发器实例而言，可以请求第 i 个到第 $i + m \times h / n-1$ 的函数实例，注意这里的请求函数下标是一个循环值，当下标超过 m 的时候，从 1 开始循环。从流量限制角度来看，每个触发器实例对分到的每个函数实例，应限制该实例 h 分之一的最大流量。

事实上我们内部还讨论过其他几种方案，但最终选择了如上方案。原因就是没有额外引入的新依赖，只需要依赖原本就会用到的函数和触发器路由表，且实现起来简单，越简单则越可靠。定义一个函数能够被 h 个触发器实例共享，$1 \leqslant h \leqslant n$，则每个触发器可以请求 $m \times h / n$ 个函数实例，对第 i 个触发器而言，它的可请求函数区间是 $[i \times m \times h / n, (i+1) \times m \times h / n-1]$。对每个触发器而言，可以动态地设置 h 的值。

通过对连接进行分片优化，减少不必要的连接，可以在实际超大规模函数的场景中，实现接近 80%的内存优化。

6.4 基于 MQ 触发器的第三方触发器的接入

第三方触发器是指通过第三方事件源触发函数的触发器。为了方便第三方事件源快速接入函数计算，我们设计了两种接入方式：基于 Event Gateway 的接入和基于 MQ 的接入。

6.4.1 基于 Event Gateway 的接入

考虑到事件源有很多，因此需要一套通用的事件接入方案来覆盖大部分第三方事件源的接入。基于 Event Gateway 组件的接入通用架构如图 6-8 所示。

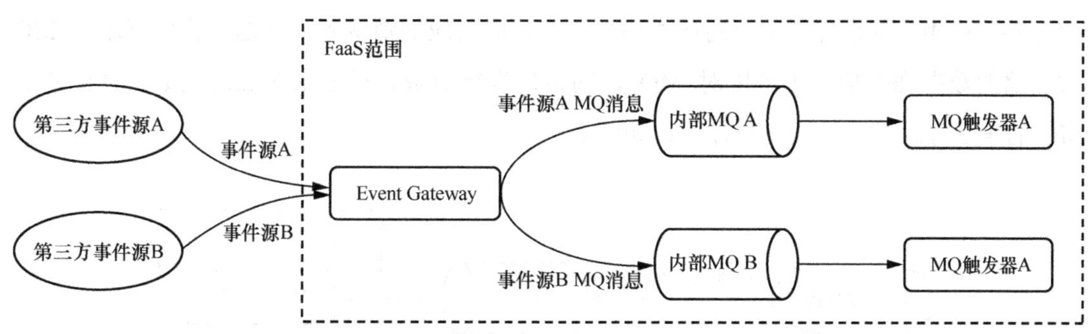

图 6-8 基于 Event Gateway 组件的接入通用架构

Event Gateway 组件作为第三方事件源的唯一入口，将根据约定把请求的第三方事件源转换成事件消息投递到内部 MQ 中。内部 MQ 不止一个 topic，可以根据消息的数量进行横向扩容为多个 topic。内部 MQ 的主要作用是作为第三方事件消息的缓冲落盘区，避免由于消息处理故障而使事件丢失。在内部 MQ 下游，就是各个函数的第三方触发器，其本质也是 MQ 触发器，通过消费内部 MQ 的消息，将第三方事件源投递给对应的函数进行处理。

通用架构的好处是制定了一套相同的事件接入规范，并且对第三方屏蔽了 MQ 的细节，第三方事件发起方只需要将事件按照约定的格式请求到 Event Gateway 组件即可。但通用架构的缺点在于每条消息都需要经过 Event Gateway 组件进行转发，会带来额外的开销和稳定性降低的风险。因此我们提出了绕过 Event Gateway 组件，直接基于 MQ 接入的第二套方案。

6.4.2 基于 MQ 的接入

对于超大规模的事件触发，如果每个消息都经过 Event Gateway 组件，将会带来额外的资源开销，特别当消息的规模达到百万级别以上的时候，这个开销是巨大的。因此，我们需要针对消息量巨大的事件源，提供一种开销较小的方案，即直接基于 MQ 的接入方案。

我们以对象存储触发器为例，对象存储触发器支持函数订阅对应的对象存储桶的事件。当函数创建对象存储触发器时，函数计算控制面会为对应的触发器创建对应的消息队列以及消费者，并将消息队列和订阅的事件信息通过 API 传递给对象存储服务。

对象存储服务在收到触发器创建的需求后，会根据传递过来的消息队列和订阅的事件信息将该桶相应的事件投递至对应的消息队列，而对应的消费者（在这里我们复用了 MQ 触发器的数据面架构）则可以对 MQ 里的事件进行消费并投递给对应的函数。直接基于 MQ 的第三方触发器架构的具体关系如图 6-9 所示。

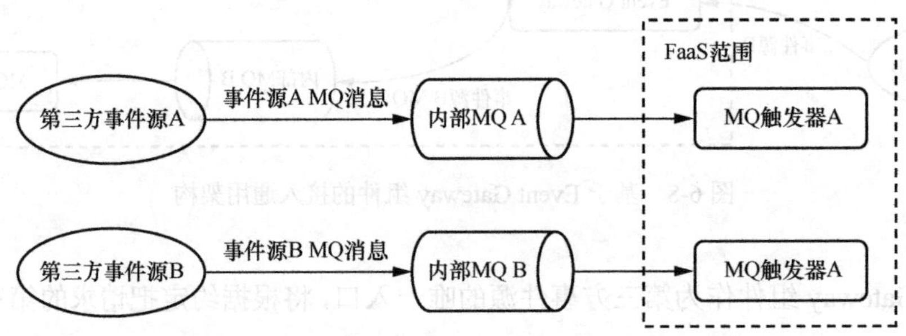

图 6-9　直接基于 MQ 的第三方触发器架构的具体关系

需要说明的是，创建第三方触发器的过程可以一键完成，用户只需要填写必要的信息就可以创建一条完整的第三方事件触发工作流，而这也是函数计算生态的一大亮点。

6.5　本章小结

本章首先介绍了在函数计算平台下常见的触发器及其所对应的场景；然后围绕 MQ 触发器详细介绍了其设计细节以及结合超大规模实践对 MQ 触发器进行的一系列优化，并讨论了如何基于 MQ 触发器进行第三方事件源接入。希望通过本章的介绍，能让读者对如何构建一个可以支持千万级别 QPS 的函数计算触发器系统有一定的认知和了解。

第 7 章 FaaS 弹性伸缩

弹性伸缩是函数计算成本优化中的关键一环，本章将会围绕 FaaS 弹性伸缩系统的定义、架构、策略设计以及在实现弹性伸缩的过程中 FaaS 平台实践的重点优化进行阐述。

7.1 弹性伸缩系统的定义和架构

在设计弹性伸缩系统前，需要对弹性伸缩系统给出定义，本节将围绕弹性伸缩系统的定义和架构进行阐述。

7.1.1 弹性伸缩系统的定义

弹性伸缩系统的定义主要包含弹性伸缩的对象、时效性、策略和附加功能 4 个方面。

（1）弹性伸缩的对象：弹性伸缩的对象包含两个部分，函数实例和 MQ 触发器实例。函数实例包含冷启动池中的函数实例和已经固化为专有资源的函数实例（即 Kubernetes 中的 Deployment）。MQ 触发器实例则包含直接对 MQ 进行消费的 MQ 触发器实例以及基于 MQ 触发器的第三方触发器实例（因为第三方触发器本质上也基于 MQ 触发器实现）。

（2）**弹性伸缩的时效性**：弹性伸缩的时效性即弹性伸缩系统的延迟，主要包含 3 个部分，分别为指标感应延迟、策略计算延迟、扩缩生效延迟。指标感应延迟指的是弹性伸缩系统指标的实时性，即获取指标的真实时间和获取时间的差值，差值越小则指标的实时性越好。策略计算延迟指的是连续两次计算之间的延迟，每次计算间隔越短，越能体现策略计算的时效性。扩缩生效延迟是指在策略计算完成后下发生效的延迟，这个延迟包含资源调度系统的调度时间以及实例完全就绪的时间。

（3）**弹性伸缩的策略**：策略大致分为 4 类，分别为硬性策略、回收策略、软性策略和辅助策略。各个策略互相配合，共同对扩缩容动作进行指导，我们会在后续的讨论中对该内容进行进一步介绍。

（4）**弹性伸缩的附加功能**：除了负责对实例资源进行策略上的扩缩容，还有两项附加功能，即冷启动资源回收和主动扩缩容。冷启动资源回收指的是将占用的冷启动池实例进行回收，并将同等大小的资源转化到函数所对应的 Deployment 中，用以承载流量。主动扩缩容指的是在一些特殊场景下，支持通过 API 调用的方式对实例进行主动扩缩容，而被动的则根据指标进行扩缩容。

7.1.2　弹性伸缩系统的架构

为了实现定义中的要求，弹性伸缩系统需要各个组件配合来实现相应的功能，其架构如图 7-1 所示。弹性伸缩系统主要包含的组件和功能如下。

（1）**FaaS MAS（Metrics Aggression Service，监控聚合服务）组件**：计算策略需要有相应的指标，FaaS MAS 是 FaaS 平台自研的基于内存的指标存储和查询组件。弹性伸缩系统最初并不是使用的自研的指标系统，而是使用的公司内统一的指标服务，统一的指标服务虽然大而全，但是延迟高且对于高并发的查询不友好，因此 FaaS 平台自研了短时的指标系统来满足策略计算的需求。无论是资源指标，如内存或者 CPU 利用率，还是诸如函数的数据面指标，都可以通过 FaaS MAS 进行上报和查询。

（2）**主动触发组件**：在 FaaS 的数据链路中，存在着需要主动扩容的需求，因此弹性伸缩系统提供了 API 给对应的主动触发组件，Gateway 组件和 Timer 组件就是主动触发组件。我们在数据面架构部分提到过，当冷启动发生时，Gateway 组件会从冷启动池启动，如果冷启动失败，则会将弹性伸缩系统进行主动扩容作为降级方案执行。Timer 组件由于可以精确计算出定时请求执行的时间，因此在请求发生前会主动扩容以规避冷启动的发生。

（3）Regional Server 组件：弹性伸缩系统需要依赖 Regional Server 组件获取函数或者触发器的源信息以及自定义的配置等相关数据。

（4）Autoscaler 组件：Autoscaler 组件是整个弹性伸缩系统的核心。它负责基于指标、API 调用或者规则，通过一定的策略，计算出每个函数或者触发器的具体扩缩容行为，并将对应的行为下发给 Kubernetes。

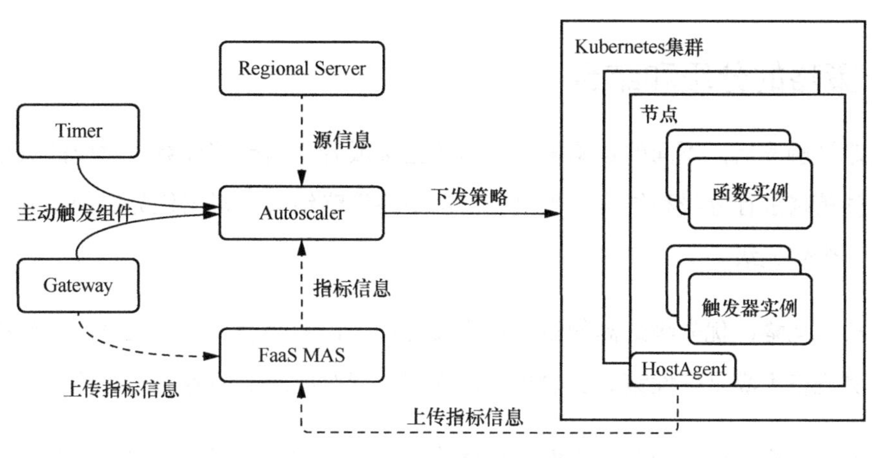

图 7-1　弹性伸缩系统架构

策略计算的核心依赖是指标，弹性伸缩系统需要依赖的指标主要分为以下 3 种。

（1）函数数据面指标：主要包括函数请求的 QPS、函数请求的并发、函数请求的延迟等。这些指标主要由请求函数的上游提供，如 Gateway 组件、MQ 触发器等。

（2）MQ 指标：主要供 MQ 触发器以及添加了 MQ 触发器的函数所使用，包括 MQ 的生产速度、消费速度、消息堆积情况、Partition 数量等。

（3）**负载指标**：主要是实例的资源消耗指标，包括实例的CPU、内存、硬盘、句柄数等信息。在每一个Kubernetes节点上，都有一个HostAgent组件能够采集对应的指标信息，然后由HostAgent组件将指标信息上传给FaaS MAS。

有了对应的功能组件和指标，接下来我们将会围绕弹性伸缩系统的策略设计展开讨论。

7.2 弹性伸缩系统的策略设计

弹性伸缩系统的策略设计需要考虑3个问题，即多个策略如何进行分级和结合、具体的策略如何设计以及如何对不合理策略进行自动化纠正，本节将对这3个问题进行进一步阐述。

7.2.1 策略的分级和结合

当策略被触发后，不同的策略根据当前的指标或者规则能够计算出对应的策略结果，通过对多种策略进行分级和结合，可以计算出最终策略结果。根据优先级的不同，我们将策略分为3个优先级。

（1）**硬性策略**：优先级最高的策略称为硬性策略，即必须满足的策略，当当前的实例数或者实例规格不满足硬性策略的要求时，立即进行对应的扩缩容，不等待。

（2）**回收策略**：如果当前的实例需要回收，在满足硬性策略的前提下进行实例的回收且立即执行，不等待。

（3）**软性策略和辅助策略**：软性策略和辅助策略是在前两个策略没有生效时执行的策略，主要是根据FaaS MAS提供的指标进行扩缩容的策略。软性策略是指由资源指标引起的策略，这类策略会一直生效。辅助策略则是指由请求指标如请求数、请求并发数、消费速度等计算而成的策略。辅助策略和软性策略的最大不同是辅助策略会受到策略反馈机制的影响，即可能会因计算出错而被纠正。当软性策略和辅助策略同时给出决策时，我们会选取目标实例资源最大的策略进行下发，即优先扩容。

7.2.2 策略的详细设计

对策略进行分级之后，接下来我们会对每一级进行详细介绍。

首先是硬性策略，硬性策略主要由硬性规则和自定义规则组成，具体如下。

（1）*是否允许进行自动扩缩容*：在发生故障或者机房容灾时，管理员可以单独设置该规则，当函数或者触发器的自动扩缩容被关闭时，自动扩缩容会停止，不会进行其他策略的计算。

（2）*每个机房是否允许存在实例*：在有多机房存在的区域，用户可以选择关闭某个机房的实例，当某个机房的实例被关闭时，自动扩缩容需要保证该机房实例数为0。

（3）*每个机房允许实例数的最小值和最大值*：对每个机房的实例来说，用户可以设置最小实例数或最大实例数。自动扩缩容需要保证实例数在设置范围内，如果不符合，需要立即进行扩缩容以满足需求。

（4）*自定义规则*：用户可以自定义的扩缩容规则。自定义规则目前仅支持定时扩容。用户可以指定需要在什么时间段至少扩容到多少个实例，自动扩缩容则会在指定的时间段保持至少需配置的实例数。同时，该规则需要满足实例数在每个机房允许实例数的最小值至最大值范围。

除了每次在扩缩容之前需要按照硬性策略进行检查，在其他策略计算后，也需要将计算得出的最终结果按照硬性策略再次进行检查，如果不满足硬性策略要求，则需要对最终结果进行修改使其符合要求。

在对硬性策略进行计算之后，如果没有被触发的策略则需要进行回收策略计算。回收策略主要分为冷启动回收和缩零回收。

（1）*冷启动回收*：函数的冷启动会占用冷启动池的资源，而这个资源池是有限的，因此需要对冷启动资源进行定期回收。同时，为了避免回收资源对负载造成影响，自动扩缩容还需要将对应数量的资源转换为稳态资源。

（2）缩零回收：如果函数或者 MQ 触发器在一段时间内没有接收请求且没有设置最小实例，需要对相应的资源进行缩零。为了避免缩零后导致频繁的冷启动，这个时间跨度被定义为 30min。

最后是软性策略和辅助策略。软性策略包括资源策略和并发策略，辅助策略包含 MQ 堆积策略。软性策略和辅助策略的核心区别是辅助策略不对缩容进行计算，只为扩容提供参考，并且辅助策略会受负反馈机制影响。

（1）资源策略：资源策略针对 CPU 和内存的利用率来进行扩缩容。当利用率大于扩容阈值时，进行扩容；当利用率小于缩容阈值时，进行缩容。如果处于两个阈值中间（包含两个阈值），则保持不变。在计算扩缩容步长时，会根据目标利用率和当前的实例数以及当前的利用率来算出目标实例数，保证在进行扩缩容动作后的利用率符合预期。

（2）并发策略：并发策略指的是根据函数的并发数据进行扩缩容。通过 FaaS MAS 组件，我们采集到了近实时的并发数据，当自动扩缩容系统感知到现有函数实例并发不足时，就会主动发起扩容请求以保证有足够的并发；当计算出现有函数实例并发过剩时，则会发起缩容请求以节约资源。

（3）MQ 堆积策略：MQ 堆积策略根据当前的生产速度、消费速度、队列堆积消息数 3 个因素计算得出，只有当计算出当前实例数无法满足消费需求时才会给出扩容结果。考虑到 MQ 触发器堆积策略缩容可能会引起消费抖动，因此 MQ 触发器堆积策略不会给出缩容结果。当需要扩容时，MQ 触发器堆积策略还会根据当前的触发器规格和消费类型来自动选择是优先进行实例规格上的纵向扩容还是实例数层面的横向扩容，以配合在第 6 章中提到的 rebalance 优化策略。

7.2.3 评分和策略反馈机制

由于辅助策略不和资源利用率或者并发挂钩，仅是基于部分指标给出的参考结果，因此需要有一套评分机制和负反馈机制来对辅助策略进行评估。这种评估不仅可以被开发人员用于策略优化，其本身也可以作为一种反馈信息提供给策略计算，让策略计算自行进行一定程度的自适应调整。

按照 Autoscaler 运行逻辑，每次需要进行扩缩容时所有策略都会根据当前情况计算出策略结果，而最终 Autoscaler 只会选择其中一个策略结果进行部署。为了评分，所有生成的策略都会被记录下来，在评分时，对于这些策略中的每一个，通过与实际采用的策略比较，以及策略被部署后的情况，包括资源使用率、堆积大小等，可以判断它是否过度扩缩容或者扩缩容不足。评分分值可以反映一个策略扩缩容过度或不足的程度。

目前所有策略的评分都基于同一标准。对于一个策略，其评分分值为一个实数，表示实例数量与理想值的偏差大小。分值为正数时表示扩容过多或者缩容不足，分值越大则程度越大。分值为负数时则相反，表示扩容不足或者缩容过多。例如，某扩容策略实例的分值为 1（归一化前），这表示若其少扩容一个实例就会达到理想情况。这种评分机制保证了不同策略之间的评分可以进行横向对比。通过引入评分和负反馈机制，能够更好地让策略在不断的计算中做出调整，减少过度扩容或者过度缩容问题的出现。

7.3 弹性伸缩系统的指标设计

在弹性伸缩系统的实践中，FaaS 逐步发现弹性伸缩系统对指标的需求的最大痛点是实时性，即指标的延迟越低越好。其次是可靠性和易用性，不要有过度的依赖，甚至在某些场景，如私有化或者边缘部署时，指标系统可以被打包成一个 SDK 嵌入其他服务部署。而通用的指标服务不仅延迟高达 30s，且经常不稳定，严重影响弹性伸缩系统的稳定性，因此我们提出了基于内存的通用指标组件 FaaS MAS。

7.3.1 整体的架构设计

FaaS MAS 架构如图 7-2 所示，FaaS MAS 主要包含以下组件。

（1）客户端（Client）：Client 封装了指标的写入和读取方法，当需要写入或者读取指标数据时，负责向 FaaS MAS 发起请求。

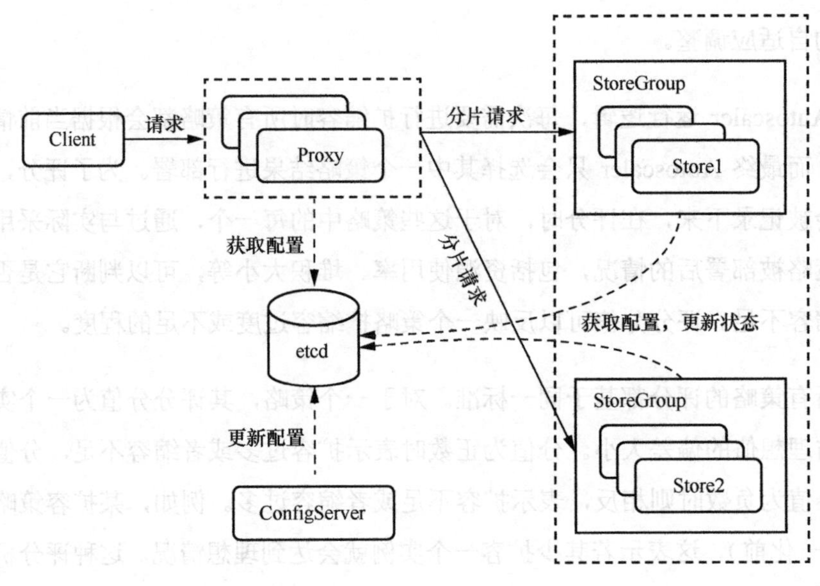

图 7-2 FaaS MAS 架构

（2）请求转发组件（Proxy）：Proxy 组件负责将 Client 请求转发给对应的后端存储层，并为 Client 屏蔽具体的分片细节。

（3）数据存储组件（Store）：数据存储组（Store Group）是多个 Store 实例的集合，一个 Store Group 里的所有实例的数据都近似相同，但是由于在写入的时候只需要保证至少若干个实例写入成功即可，因此多个实例的数据之间可能有些许的不一致，但最终是一致的。每个 Store Group 会负责一段主键区间，当 Proxy 组件收到请求时，会根据主键位于哪个 Store Group 区间去请求对应的 Store Group。

（4）配置服务组件（ConfigServer）：ConfigServer 组件对分片做了具体的分配，规定了每个 StoreGroup 应该负责的主键区间。

（5）etcd 组件：etcd 组件负责存储每个 Store 实例负责哪一段主键区间，以及每个 Store 实例当前的状态（如未就绪、正在运行、宕机等）。当 Proxy 组件查询需要请求哪些实例时，即通过 etcd 组件查询；当 Store 组件启动时，也通过 etcd 组件寻找和自己分属同一组的 Store 实例同步数据。

7.3.2 如何对指标数据进行存储

Store 组件是 FaaS MAS 的核心组件，负责对指标数据进行存储，我们将分别就底层数据结构的设计以及读写的数据请求设计两点对 Store 组件进行阐述。

（1）**Store 组件的存储数据结构**：如图 7-3 所示，Store 组件的存储分为两层。存储结构的第一层，是一个环形缓存（Ring Buffer），Ring Buffer 的长度代表可以缓存时间的长度，当存储更新的数据时，旧的数据就会被替换。对于 Ring Buffer 里的每一个时间戳，指向的是一棵 B 树（B-tree），这棵 B-tree 根据指定的主键构建整棵树，按字典序来保证有序性。

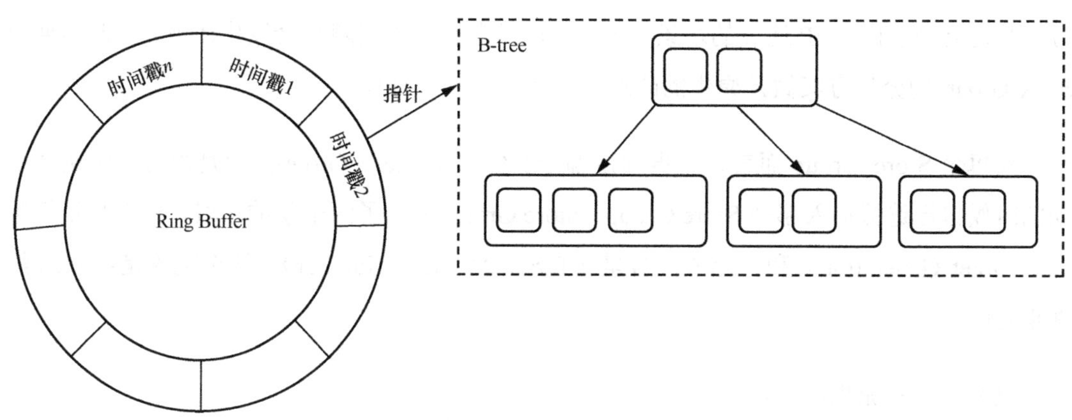

图 7-3 Store 组件的存储数据结构示意

（2）**写入数据请求的过程**：首先根据写入的时间戳找到对应的 B-tree，如果找不到则创建一棵新的 B-tree。对于每一个要写入的指标，根据请求中的主键作为写入 B-tree 的键，把这个指标序列化成二进制数据后写入 B-tree，如果这个键在 B-tree 中已经存在，则将原有数据覆盖。

（3）**读取数据的过程**：在读取数据时，首先会根据请求读取一段时间的数据。然后，对于每一个时间点，要找到对应的 B-tree，并基于请求里面的主键作为键构造一个[key, key+1) 的查找范围，在 B-tree 找出所有满足要求的节点。最后，对于查找出来的节点，对比一下节点的其他信息和请求的其他信息是否匹配，如果不匹配则过滤，将剩余符合要求的节点作为这个时间点的结果返回。

（4）**聚合数据的读取过程**：聚合数据即对读取的数据进行分组后的操作，类似于数据库查询中的分组（group by）操作。首先调用读取数据接口，找到满足要求的节点数据，然后根据 group by 的字段，可以生成唯一的查询键，对于查询到的每一个节点，将这个节点的数据根据 group by 的键不断地聚合到最终的结果上，最后返回数据即可。

7.3.3 FaaS MAS 自适应云原生分片方案

在 FaaS MAS 设计之初，哪些 Store 组件同属一个 Store Group 都是手动指定的，这种方式只适合在有固定 IP 地址的场景下使用，在云上实例可能随时会发生改变，因此需要对 Store Group 的分片方案做云原生的改造，使其适配云上环境。

对每个 Store Group 而言，不再固定哪个实例在本 Store Group，而是由每个实例在启动的时候自己选择加入哪个 Store Group。Store Group 引入了两个新的字段，分别是目标版本（Target Generation）和目标成员数量（Target Member Number），这个配置是经 etcd 组件指定的。

具体的分片流程如下。

（1）由 ConfigServer 组件更新每个 Store Group 的 Target Generation。

（2）当有新的实例启动时，寻找版本符合 Target Generation 的数量最少的 Store Group，加写锁（这里加写锁的目的是，在多个实例同时启动时，避免出现并发写现象，导致某个 Store Group 写入过多实例）。如果没有获取写锁，则需要等待一段时间后重新遍历获取新的 Store Group 再次获取写锁，直至拿到可写的 Store Group。

（3）获取写锁后，将实例注册到对应的 Store Group 中，然后释放写锁即完成加入。

（4）在滚动更新时，需要控制滚动粒度，确保每次升级的实例数不能大于每个 Store Group 实例数的一半。因为容器迁移时，容器并不知道实例到底在哪个 Store Group 中，如果不控制每次滚动的粒度，可能会导致某个 Store Group 的旧实例被全部迁移。

（5）当有实例发生重启时，复用流程（2）～（3）即可。

（6）当旧实例退出时，也需要写入 etcd 组件，将实例从对应的 Store Group 中摘除。

经过以上改造，Store 组件在需要加入某个 Store Group 时就可以自动加入而不需要手动指定了。

7.4 弹性伸缩系统的分片架构

在中心化架构中，所有的函数和触发器（万级别数量的函数和触发器）都在一个实例上进行扩缩容计算，会导致每个函数连续两次计算的时间间隔过长，从而导致扩缩容感知过慢，不能及时地对变化的负载做出响应，因此需要对弹性伸缩系统进行分片架构设计。

7.4.1 分片架构设计方案

在分片架构设计方案上，弹性伸缩系统采用了与数据面 Dispatcher 组件相同的分片逻辑。每一个弹性伸缩实例都会被分配一定数量的函数或者触发器，对其进行弹性伸缩的计算和策略下发，分片如图 7-4 所示。

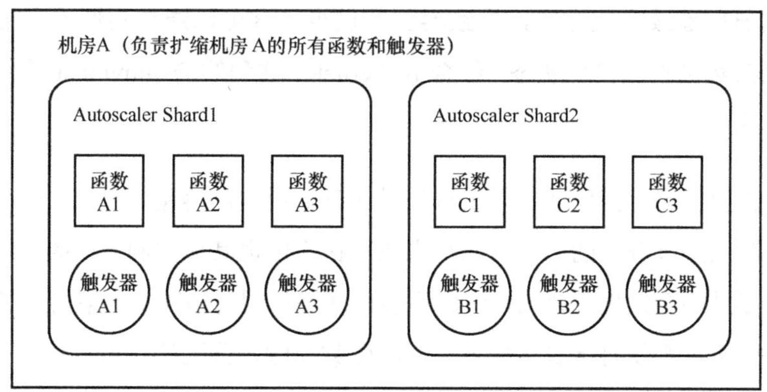

图 7-4 分片示意

在每个实例内部，会维护一个线程池来对各个函数和触发器的策略进行计算和策略下发。每个函数和触发器需要维护当前的扩缩容状态，确保在同一时刻一个函数只计算一次。相比每个计算单元全程独占线程，这样的分片架构在线程资源不足时，会出现部分计算任务排队进行计算的情况，而不是部分计算单元无法计算从而导致部分函数和触发器无法进行策略计算。

对于 Autoscaler 暴露的 API，如果是需要精确到函数级别的操作，就用类似 Dispatcher 组件的方式计算对应的分片请求到对应的实例即可。

7.4.2 分片架构的容错机制

首先我们需要对每个分片下的协程池的大小进行限制以保证实例的正常运行。当被分配的函数和触发器数量大于协程池的最大数量时，需要报警，提醒运维人员进行横向的扩容操作。同时，多余的任务会出现排队情况，即扩缩容的计算会出现延迟。

其次我们需要考虑部分实例出现宕机的情况。根据分片机制，宕机的实例被分配的函数或者触发器会被重新分配到其他实例上进行计算，如果出现超负荷，则降级进行排队计算。在重新分配的过程中，可能会出现重复计算的情况。如果开始实例 A 负责函数 A，刚刚下发了缩容动作到 Kubernetes，这时再次分片，实例 B 开始接管函数 A，由于没有上一次的扩缩容历史，在指标还没反馈出上次下发动作的效果时，再次计算出需要缩容并下发，则出现连续多次缩容，导致实例数过少。这可以通过实例本身维护所负责的函数是否为当前实例首次接手状态，结合 Kubernetes 拿到的 Deployment 更新时间来判断是否要推迟本次扩缩容。

最后我们需要考虑外部依赖，即 etcd 组件出现宕机时的容错问题。由于各个扩缩容实例是在启动的时候进行分片的，一旦分片完成，在不出现其他实例宕机的情况下，所分配的函数和触发器是不会发生变化的，因此不会出现不可用的情况。如果出现了 etcd 组件宕机且部分实例宕机，则仅有宕机实例被分配的函数和触发器无法参与扩缩容，这样可以防止整体“雪崩”的发生。

7.5 本章小结

本章首先介绍了 FaaS 弹性伸缩系统的定义和架构，阐述了弹性伸缩系统的目标以及架构设计上的主要组件；然后介绍了弹性伸缩系统的策略设计，包括不同策略之间的分级和结合，以及对辅助策略的反馈机制；之后介绍了一个可靠弹性伸缩系统的前提，即弹性伸缩的指标系统；为了能够对弹性伸缩系统进行无限拓展，我们还介绍了弹性伸缩系统的分片架构，其能够很好地提高响应速度。通过本章的讨论，希望读者能够对如何在 FaaS 平台上设计和实现弹性伸缩系统有初步的认识。

第 8 章 FaaS 助推 PaaS 演进

从亚马逊推出 AWS Lambda 开始，FaaS 相关的公有云产品和开源项目在产品形态上都大体相似：用户以函数为最小单位开发轻量级的业务逻辑，结合事件驱动架构，快速开发无状态轻量级应用。当字节跳动内部产品 ByteFaaS 到达一定规模后，需要进一步解决的问题是：FaaS 是否可以获得应用场景上的进一步突破，融入传统的 PaaS 微服务体系，逐步推动整个架构向 Serverless 方向演进。

8.1 FaaS Native：开发原生应用的解决方案

在 ByteFaaS 产品开发过程中，我们发现传统事件类型的 FaaS 服务无法完全满足业务诉求。这主要有以下几个原因。

（1）改造成本太高：事件类型的 FaaS 函数需要用户针对 FaaS 不同的语言运行时进行适配，将原有的业务逻辑抽象成 FaaS 的 handler，而业务团队没有动力去做应用迁移。

（2）多语言支持不到位：FaaS 运行时限定了用户的语言选择，虽然当前事件类型的 FaaS 函数已经涵盖字节跳动内部的主流语言（如 Go、Python、Node.js、Rust、Java 等），但对于其他语言（如 C++、Ruby 以及不同语言的特定版本）还存在缺失。另外，出于对维护成本的考虑，一般也不会考虑对使用量少的语言场景进行覆盖。

（3）引入额外的学习成本：FaaS 为用户提供函数 handler 接口抽象的本意是希望减少用户开发迭代成本。然而在实际落地过程中我们意识到，用户需要额外学习 FaaS 的接口使用方法。在字节跳动内部，传统容器化的“PaaS 平台 + 内部框架”是用户开发应用的首选，使用 FaaS 平台开发服务增加了用户的学习成本。

（4）与内部服务治理体系难以对齐：框架本身为用户提供了脚手架代码生成和服务治理、监控、日志、运维等一系列能力。FaaS 平台提供的一部分能力与框架、Mesh 存在重叠，无法做到对齐。用户运行在 FaaS 平台上的应用没有办法很好地与字节跳动当时的服务监控治理体系结合。

（5）RPC 协议支持：基于 HTTP 触发器的 ByteFaaS 在字节跳动内部很好地覆盖了 HTTP 在线服务的场景，例如开发前端服务和后端 RESTful API。然而从后端服务视角来看，字节跳动内部绝大多数的后端流量都是通过 Thrift RPC 协议搭配自研的框架传递的。短期来看，寄期望于业务团队进行 HTTP 的改造并不现实；长期来看，在 Serverless/FaaS 场景下的多协议支持必须有所突破。8.2 节会对 FaaS 平台多协议支持进行阐述。

综上，字节跳动基础函数计算团队于 2021 年开始开发名为“FaaS Native”的解决方案。

8.1.1 FaaS Native 的目标

ByteFaaS 可以作为通用的计算平台，有能力在字节跳动内部承载大部分业务场景，为此我们确定了 FaaS Native 的目标如下。

（1）支持用户将多种不同类型的原生应用迁移到 ByteFaaS，帮助业务实现低成本 Serverless 化。

（2）在原生应用 Serverless 化的基础上，帮助业务对接 ByteFaaS 已有的事件源（如消息队列、定时器、数据库 binlog 等），提供额外的功能优势。

（3）与事件类型的 FaaS 函数一样，提供完整的冷启动、自动扩缩容能力，为业务方节省业务及资源成本，进一步降本增效。

8.1.2 运行原生应用代码

得益于字节跳动内部以 Go 语言为主的开发生态，Go 语言的 FaaS 运行时是平台提供的

SDK，用户可以编写函数代码，直接上传二进制构建产物到 FaaS 平台，开发流程与字节跳动内部基于 Go 语言的开发框架非常相似。以 HTTP 服务为例，FaaS 原生 HTTP 应用如图 8-1 所示，我们只需要定义好 HTTP 服务启动运行时必须遵循的开发规范，用户就可以将原生 HTTP 应用运行在 FaaS 平台上。

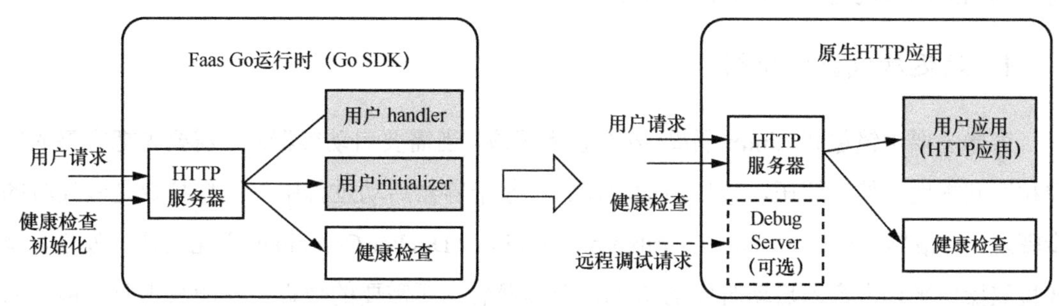

图 8-1 FaaS 原生 HTTP 应用

通过一系列适配工作，在目前阶段，用户需要遵守的开发规范如下。

（1）**监听端口**：用户需要通过指定端口监听，在与宿主机共享的 Host 网络模式下，端口号通过环境变量动态注入。每个应用能且只能监听两个端口，即数据端口（接收用户请求）和调试端口（可选）。

（2）**启动命令**：用户可以自定义启动命令，用户上传的代码包必须是可以直接执行的最终构建产物。

（3）**健康检查**：用户可以自定义健康检查接口，供 FaaS 平台检测服务的健康状态。

（4）**函数生命周期**：用户业务逻辑需要接受 FaaS 函数自动弹性伸缩带来的影响，业务逻辑本身不强依赖本地运行环境的状态。

8.1.3 自定义镜像

FaaS 通过镜像代码分离的方式对冷启动进行了一系列优化，但每个运行时对应一个基础镜像也带来了不少限制，其中之一就是很多用户服务的特定依赖无法得到满足。为此我们引入自定义镜像方案来满足用户自定义依赖的需求。自定义镜像，顾名思义就是用户自己定制镜像，然后提交给平台用于部署，平台会采用用户提供的镜像启动容器，配置运行环境然后启动容器。直接采用用户提供的镜像会引入冷启动慢的问题，OCI 镜像拉取通常耗时在秒级以上，遇到镜像体积较大的可能会耗时几十秒，因此我们需要在自定义镜像功能的基础上尽量避免冷启动时间过长的影响。

1. 延迟加载镜像介绍

容器主要由镜像和 Linux 隔离+安全技术组成，当需要启动容器时，需要先把完整的镜像拉取到本地，然后解压，最后启动容器。在整个容器启动过程中，镜像拉取是最耗时的步骤之一，根据“Slacker: Fast Distribution with Lazy Docker Containers”论文研究发现，镜像拉取操作平均占容器启动时间的 76%，而容器启动所需要的数据，一般只占整个镜像的一小部分，因此我们自然而然地想到是否有一种方法可以在容器启动时按需加载数据，而不是提前下载完整的镜像，如此即可加速容器的启动。

Nydus 是阿里巴巴开源的镜像加速服务，优化了现有的 OCI 镜像标准格式，并设计了用户态的文件系统，能够提供如下特性。

（1）容器镜像按需下载，用户不需要下载完整镜像就能启动容器。

（2）块级别的镜像数据去重，最大限度地为用户节省存储资源。

（3）镜像只有最终可用的数据，不需要保存和下载过期数据。

（4）端到端的数据一致性校验，为用户提供更好的数据保护。

（5）兼容 OCI 分发标准，开箱即可用。

（6）支持不同的镜像存储后端，镜像数据不仅可以存放在镜像仓库，还可以存放在 NAS（network attached storage，网络附属存储）或者类似 S3 的对象存储上。

通过集成 Nydus，在拉取镜像过程中，只需先拉取镜像的元信息，而在容器启动过程中，按需拉取启动所需的数据，同时后台线程将所有的镜像拉取到本地缓存，避免在容器执行过程中因网络抖动而被影响。

2. 实现方案

采用用户自定义镜像发布主要包含两部分改造，承载稳态流量的 Kubernetes Deployment 改造和承载冷启动流量的冷启动池实例的相关改造。Kubernetes Deployment 支持自定义镜像改动很小，直接将 Kubernetes Deployment 的镜像字段改成用户镜像地址即可，但这里涉及 FaaS 在容器中的 RuntimeAgent 进程注入问题。如第 5 章所述，容器中的 RuntimeAgent 进程不可或缺，而在用户镜像中一般不会包含 RuntimeAgent 进程的二进制文件，所以我们采用 Kubernetes 的 Init 容器机制来解决二进制注入问题。

Init 容器启动顺序如图 8-2 所示，Init 容器是一种特殊容器，其在 Pod 内的应用容器启动之前运行。Init 容器可以包括一些应用镜像中不存在的常见工具和安装脚本。每个 Pod 中可以包含多个应用容器，应用运行在这些容器里面，同时 Pod 可以有一个或多个先于应用容器启动的 Init 容器。

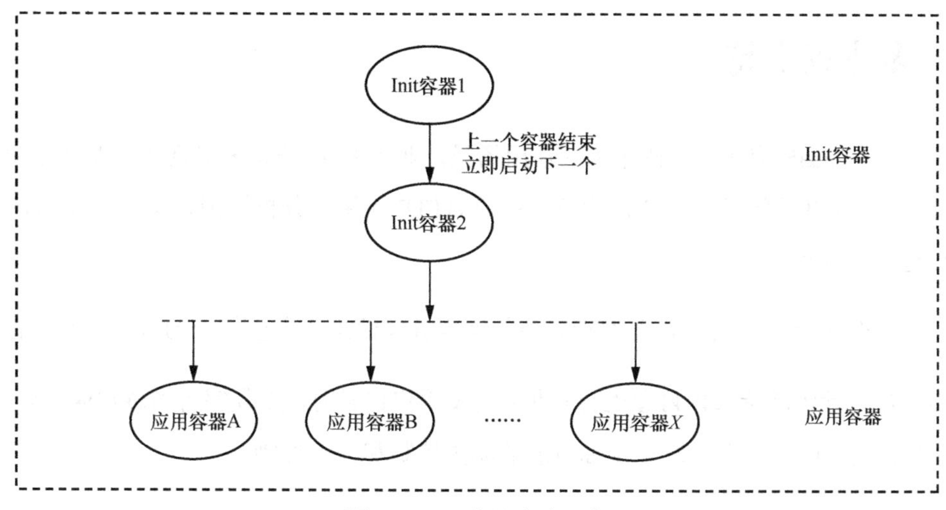

图 8-2 Init 容器启动顺序

Init 容器与普通的容器非常相似，除了如下两点：

（1）它总是运行到结束；

（2）每个 Init 容器都必须在下一个 Init 容器启动之前成功完成。

通过在 Pod 中加入 Init 容器配置，采用基础镜像启动 Init 容器，并且在 Init 容器启动命令中将基础镜像中自带的 RuntimeAgent 进程二进制文件复制到实例的共享存储中，这样就可以在业务容器中获取 RuntimeAgent 进程的二进制执行文件，从而启动 RuntimeAgent 进程。

对于冷启动部分，如第 4 章所述，为了优化函数的冷启动时间，我们引入了 Worker Manager 组件负责启动和管理一些预启动好的、不包含任何函数信息的空运行的容器，这些容器构成一个共享的通用冷启动实例池。在函数需要冷启动的时候，可以从冷启动池中获取一个未被使用过的实例，直接装载函数代码完成冷启动，以此来优化容器调度和创建的时间。对于自定义镜像场景，由于在冷启动之前我们无法知道采用哪个镜像，只能在冷启动请求到来时才能确定，如果在这时临时地创建一个 Pod，同样会包含 Pod 创建的时间，因此同样基于冷启动池方案，我们预先创建一些空运行的容器，并且采用 Init Containers 机制将系统的一些 Binary 注入共享存储，冷启动到来时，通过将业务容器镜像替换用户镜像触发重启的方式来优化容器创建的时间，进而优化冷启动时间。

8.2　多协议支持

考虑基于 FaaS 构建在线微服务的使用场景，业界 FaaS 产品和开源项目基本都只支持 HTTP，与 API 网关触发器结合，构建简单的 HTTP 应用。分析原因，HTTP 为 FaaS 带来的好处有如下 3 点。

（1）多租户请求识别：基于 HTTP 头传递服务元信息，方便统一的入流量网关管理。

（2）无须对实际请求体内容进行解析：转发用户请求时，无须解析和感知业务请求体。7 层 HTTP 代理可以实现请求级别细粒度的流量控制和并发控制。

（3）长连接保持、多路复用（HTTP/2）：为 7 层代理节省资源开销。

基于上述分析，任意应用层的网络通信协议，只要能做到上述 3 点，就是可以被 FaaS 化的，至于具体协议的选型可以按照业务需求来进行调整。

8.2.1　数据调用与流量调度的解耦

ByteFaaS 本身的优势在于流量和资源调度。我们可以把整套数据面架构拆分成“数据调用链路”和“流量调度链路”两部分，具体如下。

（1）**数据调用链路**：用户请求实际的转发路径。

（2）**流量调度链路**：基于并发的流量调度、冷启动等 FaaS 内部组件调用，不涉及用户请求转发。

以图 8-3 为例，其中实线箭头代表用户请求的转发、透传，虚线箭头代表流量调度和冷启动过程中涉及的系统组件内部调用。为了实现多协议支持，我们只需要针对实线链路做多协议的适配，而虚线链路的架构可以基本保持不变。

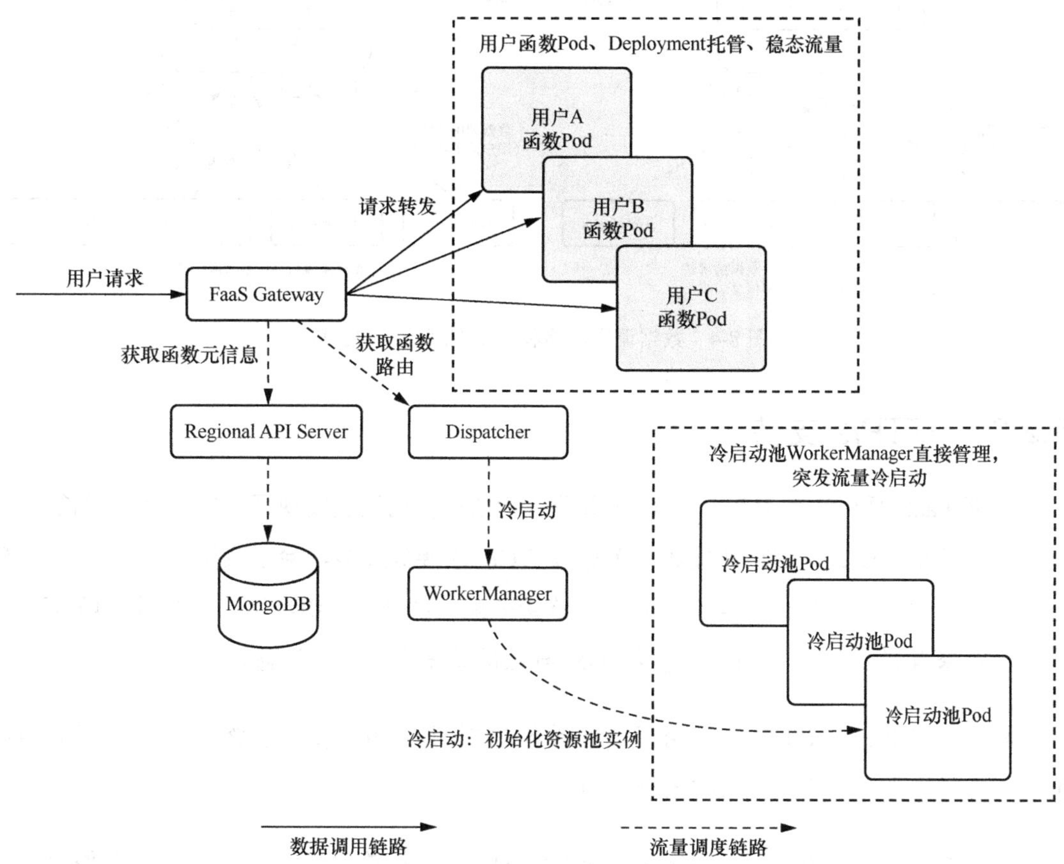

图 8-3 数据调用链路和流量调度链路

早期的 FaaS 函数 Pod 只对外暴露一个端口，数据面流量代理和控制面指令通过统一的端口进入。为了支持多协议，也为了进一步将用户数据流量与 FaaS 平台控制指令拆分，我们为函数 Pod 增加了一个端口，并且在 RuntimeAgent 进程内部将数据请求、控制指令的处理逻辑进行了解耦（见图 8-4）。解耦之后，我们可以将多协议的适配改造收敛在数据调用链路中，底层完全复用 FaaS 统一的流量调度能力。

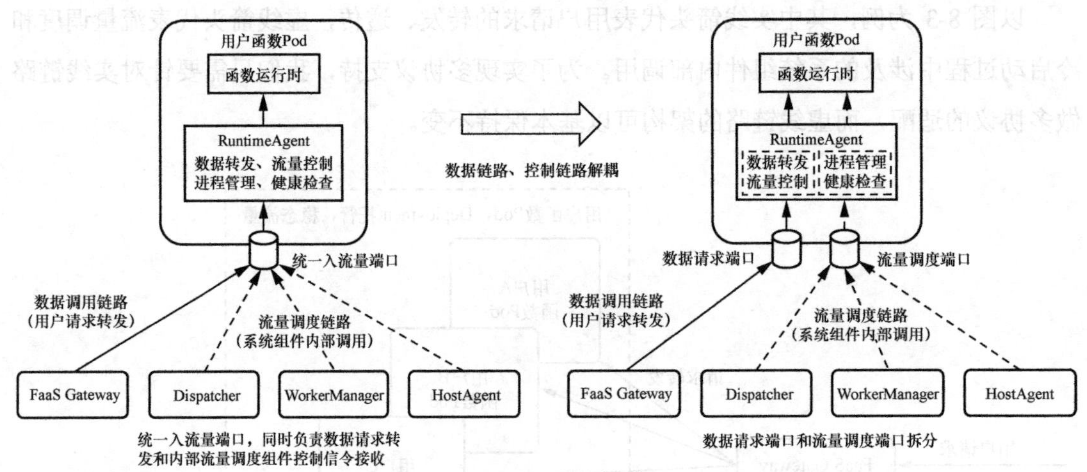

图 8-4　数据调用链路和流量调度链路的解耦

8.2.2　HTTP/2 支持

早期 FaaS 平台基于 HTTP/1.1，随着业务量增长我们很快发现了问题：高速增长的高并发请求数量造成数据链路连接数"爆炸"。TCP 连接数过多，除了直接导致文件描述符过多，由于 Go 的 net/http 框架会为每一个连接分配一部分内存缓冲区，在高并发场景下，我们也频繁看到因内存消耗过大甚至 OOM 导致的系统进程退出问题。

相比 HTTP/1.1，HTTP/2 采用了二进制格式的协议，并且支持多路复用，可以帮助我们进一步减少高并发请求带来的系统开销。

（1）**二进制格式的协议**。相比 HTTP/1.1，HTTP/2 将数据分为更小的帧，帧数据传输分为头帧（header frame）和数据帧（data frame），其中 HTTP 的头部（Header）信息会封装入头帧，请求体（Body）作为数据帧传输。每一帧内部采取二进制编码，可节省 HTTP/1.1 解析的开销。HTTP/1.1 与 HTTP/2 详细的包结构对比如图 8-5 所示。

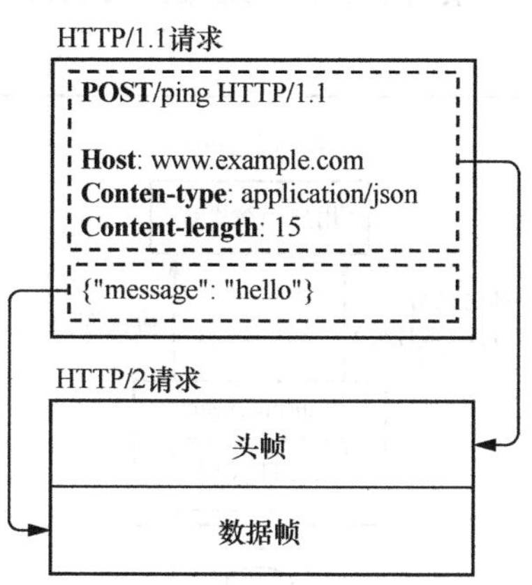

图 8-5 HTTP/1.1 与 HTTP/2 详细的包结构对比

（2）多路复用。将数据区分为更小的帧之后，HTTP/2 可以在同一个 TCP 连接中同时传送多个请求，每一次请求响应的数据交互对应一个 HTTP/2 数据流（Stream），不同请求的不同帧通过帧数据中的 Stream ID 进行区分。图 8-6 展示了 HTTP/2 客户端和服务器端通过同一个 TCP 连接同时传输 4 个并发请求的场景。在 Go 标准框架 net/http 的默认实现中，一个 TCP 连接最多可以承载 1000 个并发请求。

图 8-6 HTTP/2 多路复用

数据链路 HTTP/2 支持如图 8-7 所示，在实际的实现和改造中，因为 HTTP/2 与 HTTP/1.1

后向兼容，我们将 FaaS 平台的数据链路代理（FaaS 平台的 Gateway 组件、RuntimeAgent 进程）升级到了 HTTP/2，同时为了避免 TLS（transport layer security，传输层安全协议）引入的额外开销，数据链路内部采用了去掉 TLS 的 HTTP/2 Cleartext（H2C）。

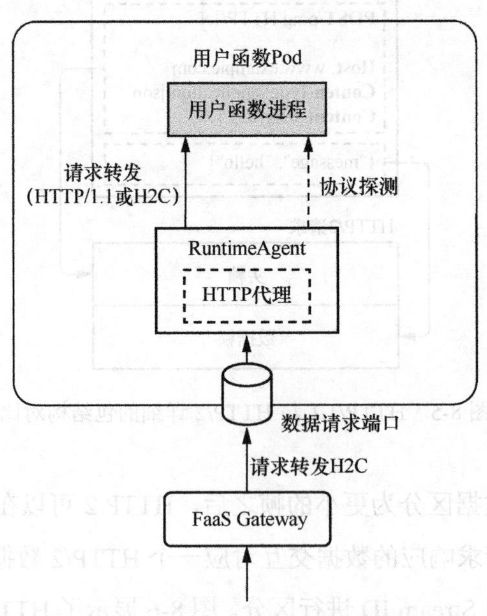

图 8-7　数据链路 HTTP/2 支持

值得注意的是，一些函数运行时并不支持 H2C（语言的标准库本身不提供 H2C 的支持，或者用户开发时使用了旧版本的 SDK 而无法及时升级），针对这种情况我们进一步做了针对 H2C 的协议探测，在函数 Pod 内（RuntimeAgent→Runtime）可以灵活兼容只支持 HTTP/1.1 的函数运行时。

8.2.3　gRPC 协议支持

HTTP/2 的支持，优化了 FaaS 平台的内部数据链路。另外，它也为 gRPC 协议的支持做好了准备。gRPC 是最早由 Google 公司发起的开源 RPC 框架项目，其通信协议基于 HTTP/2，而序列化协议可以灵活选择 Protocol Buffers（简称 ProtoBuf）、JSON、XML 等多种格式。

我们希望 FaaS 平台能在不感知用户 Protocol Buffers 请求的 IDL（interface description language，接口描述语言）的前提下，无须解析用户请求体，就可获取用户服务的元信息。将 HTTP/2 作为通信协议的 gRPC 满足上面的要求：gRPC 请求本身就是特殊的 HTTP/2 请求，服务元信息函数 ID 依旧可以通过请求头来传递，Gateway 组件可以不用感知用户 RPC 请求的 IDL，不对请求体做解析，就能直接获取服务的元信息，实现对请求的流量控制。

从 gRPC 请求的协议格式出发，gRPC 请求示例如下：

```
HEADERS (flags = END_HEADERS)
:method = POST
:scheme = http
:path = /google.pubsub.v2.PublisherService/CreateTopic
:authority = pubsub.googleapis.com
grpc-timeout = 1S
content-type = application/grpc+proto
grpc-encoding = gzip
authorization = Bearer y235.wef315yfh138vh31hv93hv8h3v

DATA (flags = END_STREAM)
<Length-Prefixed Message>
```

对应的 gRPC 响应如下：

```
:status = 200
grpc-encoding = gzip
content-type = application/grpc+proto

DATA
<Length-Prefixed Message>

HEADERS (flags = END_STREAM, END_HEADERS)
grpc-status = 0
trace-proto-bin = jher831yy13JHy3hc
```

可以看到 gRPC 请求和正常的 HTTP/2 请求没有本质区别，只是增加了额外的与 gRPC

相关的字段。值得注意的一点是，请求响应包含 grpc-status，根据 gRPC 规范，gRPC 请求响应的状态及状态码只依赖 grpc-status 字段表达，与 HTTP 的状态码没有关系。同时，grpc-status 只在数据帧传递完成之后，通过 HTTP 请求的 Trailer Header 传递给客户端。虽然 Trailer Header 从 HTTP/1.1 起就是 RFC（requset for comments，征求意见稿）规范的一部分，但并不是所有的 HTTP 服务器端和客户端的实现都默认支持它。

在数据链路方面，我们在 HTTP/2 的基础上做了对 gRPC 的适配，数据链路同时处理 HTTP 和 gRPC 请求如图 8-8 所示。

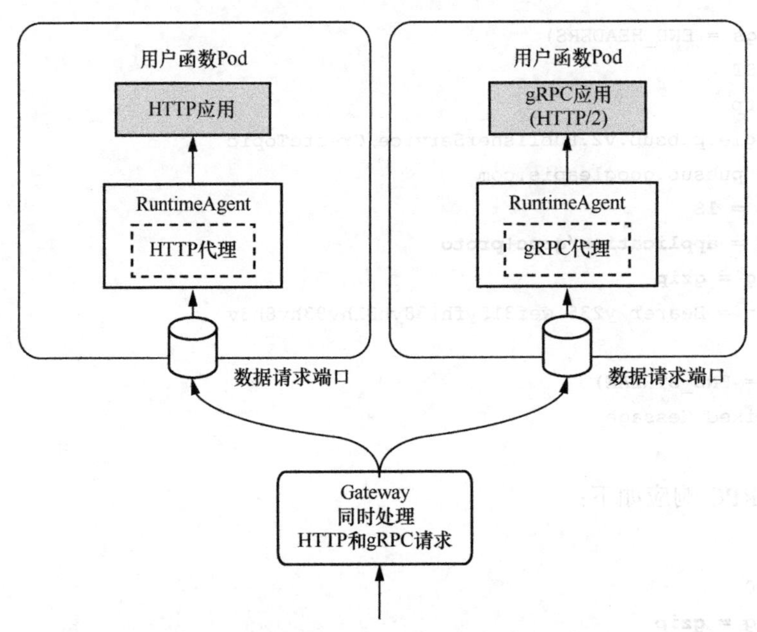

图 8-8　数据链路同时处理 HTTP 和 gRPC 请求

（1）数据链路 Gateway 组件和 RuntimeAgent 进程针对 gRPC 协议的特判：根据响应的 gRPC 错误码判断用户业务逻辑的执行结果，监控打点；在 FaaS 允许的最大超时时间（15min）内，支持 gRPC 流式传输；改造完成后，同一套数据调用链路，可以同时支持 HTTP 和 gRPC 协议。

（2）冷启动资源池为 gRPC 协议单独预留部分资源。

在这些改动的基础上，ByteFaaS 支持原生 gRPC 协议，并且支持一些字节跳动内部的 gRPC 框架。

8.2.4 Thrift 协议支持

字节跳动内部后端微服务体系是围绕 Thrift RPC 构建的，内部有多套自研的 Thrift 微服务框架，和服务治理体系深度集成。为了让 ByteFaaS 真正融入后端微服务体系中，ByteFaaS 有必要支持 Thrift 协议及其相关框架。

与 HTTP、gRPC 场景的支持一样，我们希望 FaaS 平台不感知用户 IDL、不解析用户实际请求，一套中心化网关实现多租户流量调度。为了支持 Thrift 协议，我们需要解决如下难点。

（1）Thrift 协议本身非常灵活，Thrift 协议框架灵活的分层实现如图 8-9 所示，传输层协议和序列化、反序列化协议分层组合可能有多种不同的可能性，FaaS 平台很难做到全部支持。

（2）原生 Thrift 传输协议（如 Buffered、Framed）并没有类似 HTTP 请求头这样的结构用来传输请求、服务的元信息（函数 ID）。

（3）无法再像 gRPC 一样，复用 HTTP 的请求调用链路，需要开发新的网关代理和容器内数据流量代理。

（4）除了服务器端的代码改造，同时对于存量业务需要考虑上游客户端的迁移成本。

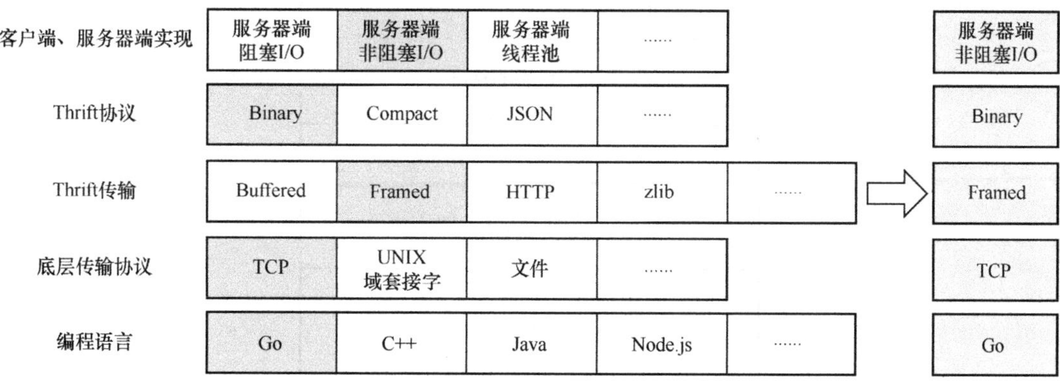

图 8-9 Thrift 协议框架灵活的分层实现

针对 Thrift 协议的灵活性，字节跳动的框架研发团队提供了一套解决方案。为了规范服务治理体系，框架研发团队在 Thrift 协议 Header 传输的基础上，定制开发了字节跳动内部的 TTHeader 协议，用作字节跳动内部微服务体系统一的传输协议。TTHeader 协议如图 8-10 所示，TTHeader 协议对 ByteFaaS 的优势如下。

（1）请求体中包含单独的 Header 字段，可以作为 ByteFaaS 传递函数 ID 的载体。

（2）作为传输层协议，TTHeader 协议可以作为包装器（Wrapper）将原生的 Thrift 请求进行包装，例如外层协议是 TTHeader，内层协议是 Framed。框架研发团队可以比较容易地针对 TTHeader 协议做支持适配。

（3）为了支持 TTHeader 协议的推广，内部框架逐渐向 TTHeader 协议收敛。

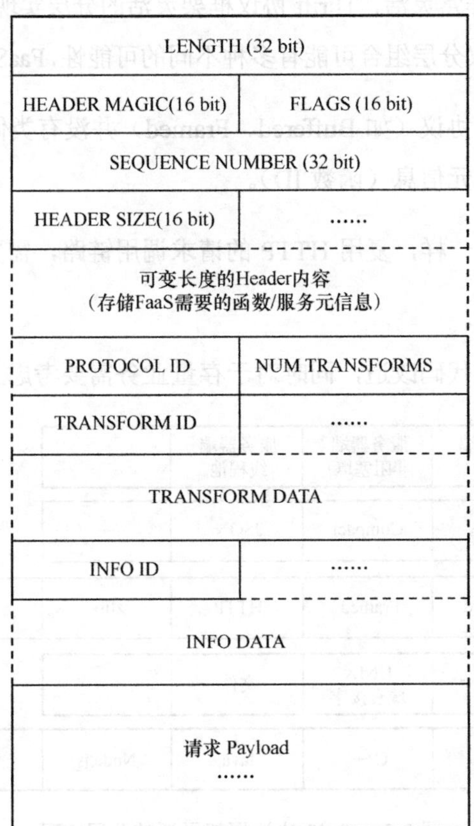

图 8-10　TTHeader 协议

针对 Thrift RPC，我们开发了适配 TTHeader 协议的 Thrift FaaS Gateway 和 RuntimeAgent 内部的 Thrift RPC 代理。方案完成后 FaaS 平台可以支持字节跳动内部所有主流 Thrift RPC 框架，比较好地覆盖公司内对 RPC 场景的需求。数据调用链路多协议支持如图 8-11 所示。

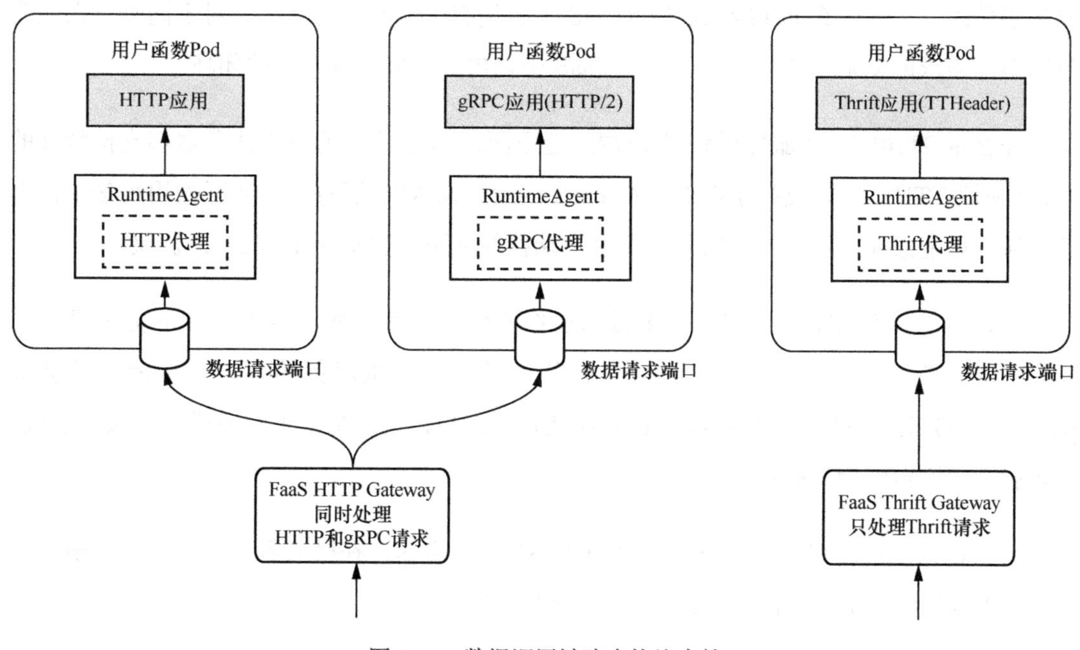

图 8-11 数据调用链路多协议支持

图 8-11 中 HTTP 和 gRPC 协议共享数据链路，代码中通过识别 gRPC 协议特殊的请求头做逻辑判断区分，Thrift 请求通过单独的 FaaS Thrift Gateway 进入。

8.2.5 客户端流量接入

前面几节主要介绍了服务器端对多协议的支持，用户可以基于 FaaS 开发不同协议的 RPC 服务。除了服务器端的支持，客户端流量接入也是需要解决的问题。

（1）*存量 Thrift RPC 服务迁移/客户端改造*：FaaS 通过支持内部 Thrift 协议 TTHeader，可支持 Thrift RPC 场景。考虑存量 Thrift RPC 服务迁移，服务上游客户端并不一定支持 TTHeader 协议（框架不支持，或者由于其他原因无法进行升级改造），这会对下游服务器端的迁移造成阻碍。

（2）多协议场景事件触发器支持：在传统事件类型的 FaaS 函数场景下，用户对事件触发器接入是强需求的。对于 RPC 协议类型应用，如果我们可以同时处理在线微服务流量和异步事件的请求，那么 FaaS 相比传统 PaaS 平台便有了功能上的优势。对于同时有在线流量和事件需求的复杂系统，用户可以在 FaaS 平台内部完成开发迭代的闭环。

在存量 Thrift RPC 服务迁移/客户端改造方面，FaaS 平台通过在服务器端支持特殊的 Thrift 协议 TTHeader，支持了新业务在 FaaS 平台开发 RPC 服务。在实际使用场景中，上下游服务可能隶属于不同的团队，上游客户端往往并不一定支持 TTHeader 协议。

字节跳动内部 RPC 生态绝大多数都已经收敛到了字节跳动内部的微服务治理体系 ByteMesh（在 8.3 节中会进一步阐述），绝大部分在线微服务的客户端出流量都会被 ByteMesh 的出流量代理（ByteMesh Egress 代理）劫持，代理帮助用户完成下游服务发现、监控打点、限流熔断等操作。

为了推动用户迁移，FaaS 平台与 ByteMesh 进行合作，在微服务的客户端，为所有访问下游 FaaS 服务的 RPC 做了协议转换（见图 8-12）。

（1）上游客户端可以通过 ByteMesh 流量代理访问下游 FaaS 服务。

（2）ByteMesh 代理可以根据请求中包含的下游服务信息，识别下游服务的类型（FaaS 或 PaaS）。

（3）针对下游是 FaaS 服务的 Thrift RPC 请求，ByteMesh 会将请求转换为 FaaS 平台可以识别的 TTHeader 协议。

因为 TTHeader 协议本身只是原生 Thrift 协议的一层额外包装，同时 TTHeader 也是字节跳动内部 RPC Client 与 ByteMesh 代理的默认通信协议，额外的协议转换并没有引入过多开销。

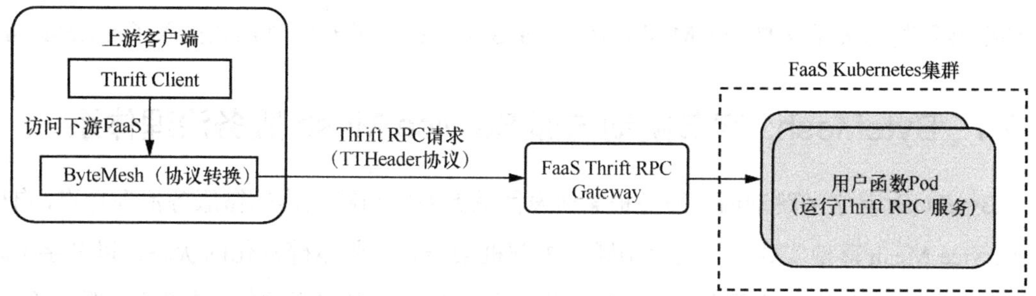

图 8-12 ByteMesh 协议转换，协助存量应用迁移

针对事件触发器的支持方面，HTTP 场景下的 FaaS 平台内部使用了 CloudEvent 事件类型作为 HTTP 请求统一的编解码方式，为了对 RPC 协议添加事件触发器支持，FaaS 平台针对 RPC 定义了单独的事件触发器 IDL，希望接入事件触发器的用户按照平台规范编写 RPC 代码。

原生 HTTP/RPC 应用的触发器支持如图 8-13 所示，在实际实现过程中不同协议的触发器代码复用，只是在启动时根据函数协议类型选择不同的客户端，HTTP 应用采用 CloudEvent 作为消息传递格式，RPC 应用使用平台统一定义的 IDL 来获取事件。

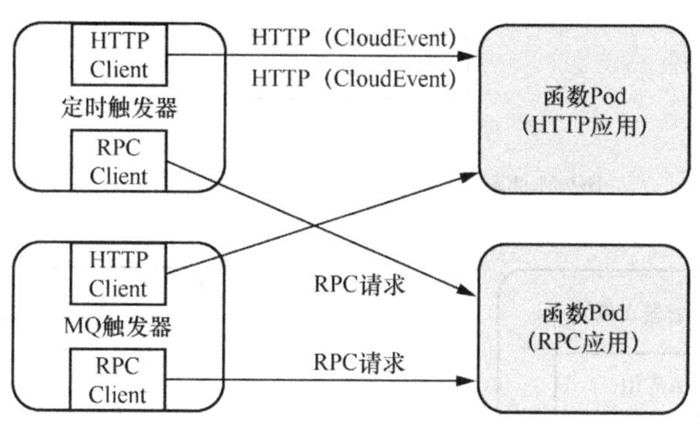

图 8-13 原生 HTTP/RPC 应用的触发器支持

8.3 融入字节跳动微服务治理体系 ByteMesh

字节跳动内部的 PaaS 平台很早就开始进行大规模容器化部署实践，随之而来的是海量微服务治理的诉求。当前阶段（2022 年上半年）字节跳动内部微服务治理体系主要是字节

跳动框架研发团队开发的 ByteMesh，因此 FaaS 平台在产品开发早期就接入了 ByteMesh。

8.3.1　ByteMesh：字节跳动内部 Service Mesh 服务治理体系

ByteMesh 是字节跳动内部服务框架研发团队针对字节跳动内部微服务治理特点，自研的 Service Mesh 落地实践。针对字节跳动内部框架语言、版本碎片化的状态，以及字节跳动超大规模微服务治理的需求，ByteMesh 将代码中与业务逻辑无关的服务发现、服务治理、安全审计等能力，卸载到 Service Mesh。ByteMesh 为业务代码提供了统一流量管控能力，也直接提升了业务代码的性能和稳定性。

在字节跳动内部的容器化 PaaS 平台中，ByteMesh 已经覆盖其大部分线上服务，ByteMesh 与内部框架相结合的服务治理解决方案是字节跳动内部业务研发的默认选择。

ByteMesh 架构如图 8-14 所示，ByteMesh 将原先需要整合进业务逻辑和框架代码中的能力剥离到 Mesh Sidecar 代理中（ByteMesh 数据面），Mesh Sidecar 代理可以同时承载服务的入流量和出流量，而针对不同服务用户可配置的数据面流量操作，则统一由 ByteMesh 控制面下发。

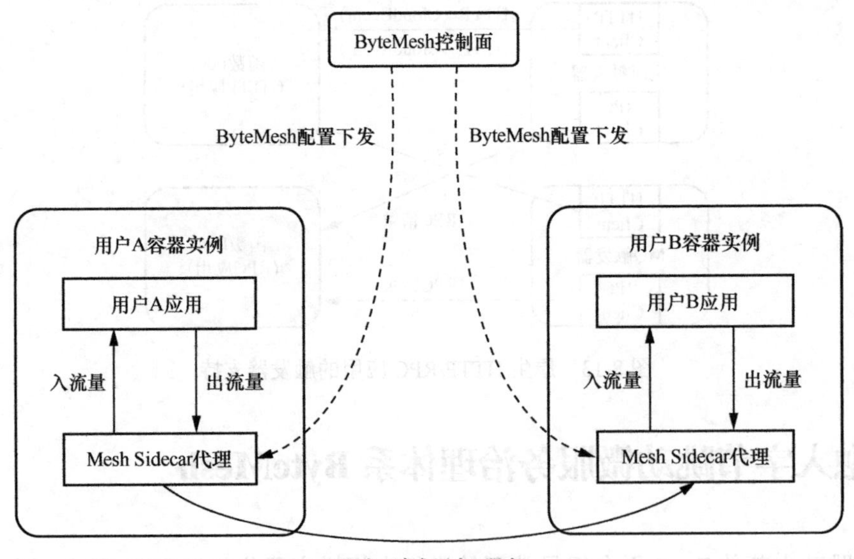

图 8-14　ByteMesh 架构

为了在微服务治理方面和 PaaS 平台对齐，ByteFaaS 平台也对接了 ByteMesh。从流量接入场景来区分，主要有如下 3 种情况：

（1）上游服务，通过 ByteMesh 出流量代理，访问下游 FaaS；

（2）FaaS 服务，通过 ByteMesh 出流量代理，访问下游服务；

（3）FaaS 服务，通过 ByteMesh 入流量代理，承接上游服务发来的请求。

8.3.2 上游服务访问下游 FaaS

通过 ByteMesh 访问 FaaS 平台是我们最早对接的流量场景。与传统 PaaS 平台不同：一方面，FaaS 平台的容器实例会频繁动态扩缩容，传统 PaaS 平台基于中心化服务注册中心（如 Consul）的方案不一定适用；另一方面，中心化网关 Gateway 组件的引入虽然为冷启动、实时弹性伸缩提供了可能性，但同时也在调用链路中引入了额外的节点和性能损耗，不能很好地满足后端微服务场景对高性能和高稳定性的需求。我们试想了如下两种接入方案。

方案 1：ByteMesh 出流量代理访问下游 FaaS 服务，统一将请求转发给中心化的 Gateway 组件。

- 优点：实现简单，与传统 FaaS 接入方式相同。
- 缺点：对大流量在线微服务场景引入的额外开销太大。

方案 2：ByteMesh 出流量代理访问下游 FaaS 服务，请求绕过 Gateway 组件，类似传统 PaaS 平台，直接访问函数实例。

- 优点：减少了网关层引入的开销。
- 缺点：流量绕过了网关，函数实例不能缩零；扩缩容只能依赖旁路指标，丧失了应对突发流量时根据并发实时冷启动扩容的能力。

综合上面两种接入方案的优缺点，我们设计并实现了方案 3（见图 8-15）。

方案 3：FaaS 平台与 ByteMesh 控制面深度结合，提供一套动态调整的服务发现路径。

- 当流量较小时，FaaS 平台将 FaaS 网关地址注册到 ByteMesh 控制面，上游用户通过网关访问 FaaS 函数。
- 在大流量访问场景下，FaaS 平台直接注册函数实例地址到 ByteMesh 控制面，上游服务大流量直接访问 FaaS 函数。
- 流量大小可以通过当前 FaaS 平台后台实例数量来近似表征，当前后台实例数量小于等于 n 的函数，注册 FaaS 平台网关地址；当前后台实例数量大于 n 的函数，直接注册函数实例。

通过这种方式，我们比较好地支持了 ByteMesh 出流量的接入。

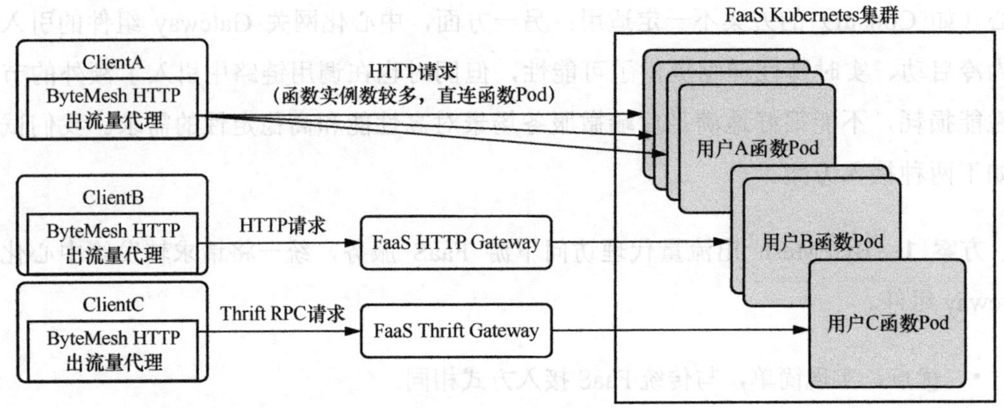

图 8-15　上游服务通过 ByteMesh 访问 FaaS

8.3.3　上游 FaaS 访问下游服务

用户从 FaaS 平台内访问下游的出流量对接 ByteMesh 的方案比较直接。出流量 ByteMesh 代理对接如图 8-16 所示，FaaS 平台直接在运行环境内安装了 ByteMesh 数据面流量代理，服务启动时与用户进程同时运行在函数实例中。字节跳动内部使用场景下的 ByteMesh 与框架客户端深度集成，框架客户端通过系统注入的特殊环境变量判断本地 ByteMesh 流量代理的地址，将出流量请求同意通过 ByteMesh 出流量代理转发给下游其他服务。

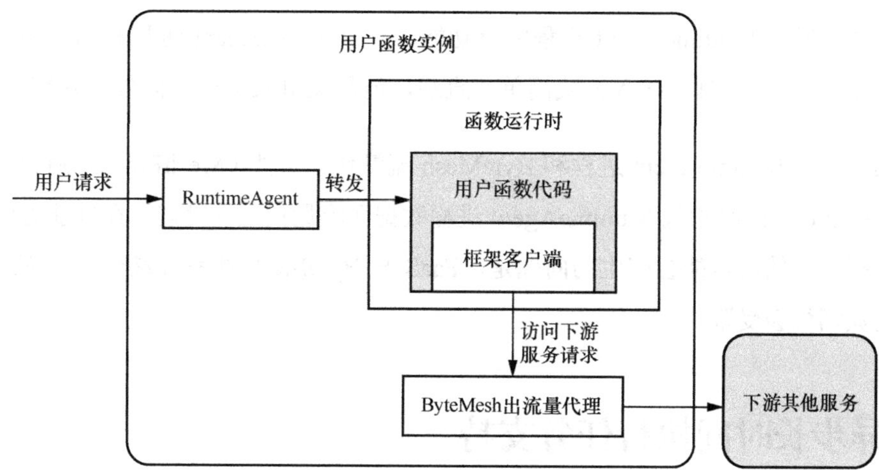

图 8-16 出流量 ByteMesh 代理对接

8.3.4 FaaS 接入 ByteMesh 入流量代理

8.3.2 节、8.3.3 节介绍了 FaaS 平台支持 ByteMesh 的出流量代理做的工作，另一方面，入流量的代理也是 ByteMesh 重要的流量管控手段（鉴权、流控、服务器端入流量相关的打点监控）。由于有 RuntimeAgent 进程这个 FaaS 自身的入流量代理存在，用户函数执行时已经有了一层额外的开销，当前阶段（2022 年上半年）出于对性能和收益的考虑，ByteFaaS 并没有对接 ByteMesh 入流量数据面代理。可能的入流量 ByteMesh 代理对接方案如图 8-17 所示。

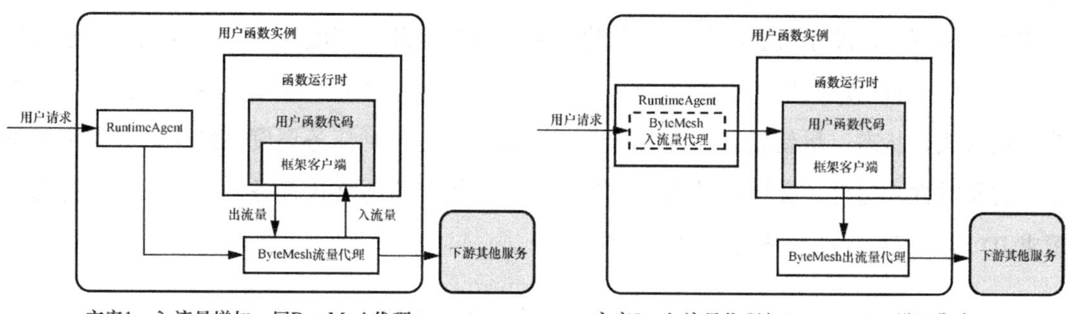

图 8-17 入流量 ByteMesh 代理对接方案

方案 1：保留 RuntimeAgent 进程完整功能，在 RuntimeAgent 进程和用户函数之间引入 ByteMesh 入流量代理。接入方式简单、直观，但是又引入了一层额外的开销。

方案 2：将 RuntimeAgent 进程和 ByteMesh 流量代理组件（MeshProxy）两个组件合二为一，MeshProxy 同时承载 RuntimeAgent 进程数据面流量代理的功能，在性能方面预期不会有额外损耗。然而可能会产生的问题是，FaaS 与 ByteMesh 体系强耦合，后期迭代、功能增强的灵活性会受限。

8.4 异步长时间执行任务支持

传统的 HTTP 同步执行模式具有一定的局限性，回顾 4.1 节中的 ByteFaaS 同步数据链路，通常情况下除了通过 ByteMesh 进来或者直接传到 Gateway 实例的流量，请求都会在函数的调用端→负载均衡器→Gateway→函数实例这条链路上保持着同步状态，若函数的调用端长时间阻塞等待执行结果，不仅会持续占用调用方资源，还会对调用链路的稳定性产生较高要求，这无法满足很多需要长时间执行的需求，例如数据批处理、音视频转码、视频录制、文件处理等。为此我们推出了异步模式来支持长时间执行任务的需求。

8.4.1 架构设计

在整体上异步模式复用了 ByteFaaS 大部分已有组件，异步模式时序如图 8-18 所示，用户请求到达异步调度系统之后，会迅速地同步返回，同时返回一个请求 ID，这是请求执行的唯一标识，调度系统会将请求持久化，然后异步地开始调度执行。触发执行过程同样是获取路由并将请求转发到对应实例开始执行，开始执行之后，异步调度系统会主动地周期性获取执行状态、更新状态，同时任务状态会主动上报到任务调度系统中，以保证状态更新的及时性。另外，在请求的执行过程中，如果用户希望终止任务的执行，也支持通过请求 ID 对正在执行的任务进行“强杀”。

异步模式架构如图 8-19 所示，异步模式的核心组件是 Async Gateway，下面对各组件进行介绍。

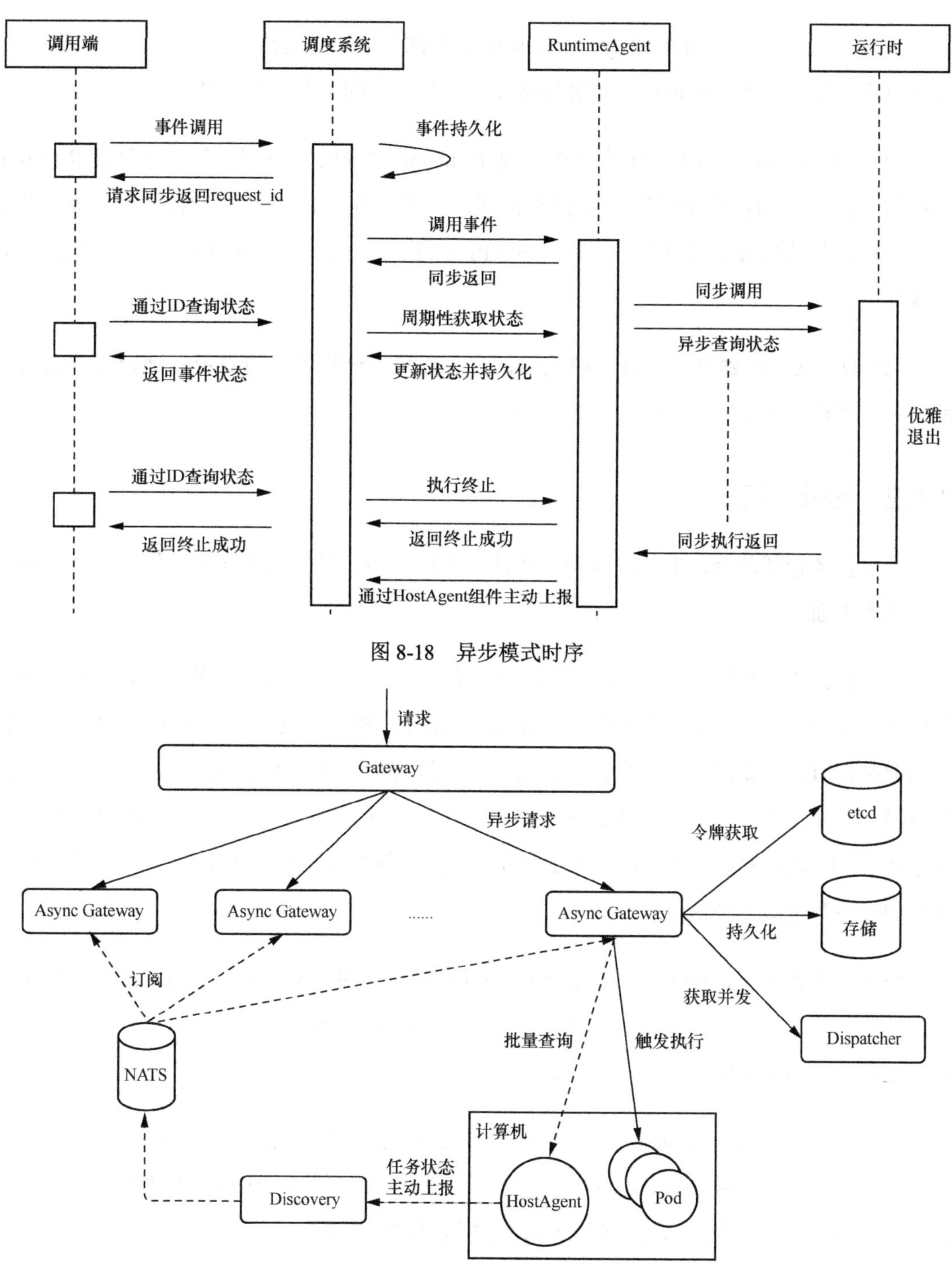

图 8-18 异步模式时序

图 8-19 异步模式架构

（1）Async Gateway 组件：Async Gateway 组件的主要职责是接收请求并进行任务调度，包括限流、并发管理，同时与存储进行交互并进行任务的生命周期管理。

（2）RuntimeAgent 进程：在实例内部是 Runtime 进程的父进程，它本身负责 Runtime 进程的启停、控制指令下发等，在异步模式下，负责实例内部请求的转发和状态管理、优雅退出、日志收集以及提供控制 OpenAPI 用于获取状态、标记状态上报完成、终止任务等功能。

（3）HostAgent 组件：在异步模式中，它主要负责计算机上的异步实例管理、状态上报、日志聚合，以及提供 API 用于聚合查询等功能。

8.4.2　任务管理

针对任务管理部分，本节将分别介绍任务执行机制、任务状态管理、任务分片机制以及日志等方面。

（1）任务执行机制：相比同步模式，异步请求传到 FaaS 的入口网关之后，由入口网关判断是否为异步请求，如果是则转发到 Async Gateway 组件，Async Gateway 组件会判断服务当前是否有并发剩余，有则会将请求持久化，没有则会返回限流错误，表示当前服务并发已经打满。由于目前异步模式只支持独占模式，也就是同一个实例在同一时刻只能执行一个请求，因此并发数量等于用户申请的实例上限，例如用户申请了 10 个实例上限，同时执行的任务数量最多是 10。

请求持久化之后，Async Gateway 组件向 Dispatcher 组件获取并发，随后将请求转发到对应的实例开始执行，请求会先转发到实例中的 RuntimeAgent 进程，然后请求迅速同步返回，之后由 RuntimeAgent 进程将请求转发到 Runtime 进程进行执行。

执行过程中 RuntimeAgent 进程与 Runtime 进程之间的请求会保持同步，等执行完毕，Runtime 进程会返回相应的成功或者失败的响应，RuntimeAgent 进程从而根据响应标识任务执行结果，最终同步到 Async Gateway 组件调度系统当中。

（2）任务状态管理：由于在任务执行过程中 RuntimeAgent 进程与 Runtime 进程之间的请求保持同步状态，因此 RuntimeAgent 进程能感知任务的执行状态，同时请求都有唯一的标识，RuntimeAgent 进程可以很方便地在内存中维护任务执行的状态，并且实现 API 用于状态查询，从而使 Async Gateway 组件能够主动通过 RuntimeAgent 进程的 API 查询到请求执行状态。

另一方面，由于实例可能会非常多，Async Gateway 组件直接与实例进行通信可能会导致连接爆炸的问题。因此，我们在 HostAgent 组件中同样实现了状态的管理逻辑，提供 API 用于聚合查询计算机上所有实例的异步任务执行状态，同时 HostAgent 组件本身也实现了通过 NATS 主动上报任务状态的功能，这两条链路保证了任务状态变更能得到正确的反馈。

Async Gateway 组件在触发任务开始执行之后会主动地向 HostAgent 组件轮询状态，同时会监听分布式队列 NATS 对任务状态的订阅。由于 ByteFaaS 自动扩缩容的特点，实例在很多情况下会被回收，实例在收到退出信号退出之前我们需要确保不影响请求的执行，除了在控制链路上我们会将实例路由迅速摘除，RuntimeAgent 进程作为管理进程需要确保已经开始执行的请求要在执行完、状态上报之后再结束，这样实例才能真正退出。

（3）任务分片机制：由于请求执行可能长达几个小时，这段时间之内需要有定期的状态刷新，需要有组件主动地轮询任务的状态，因此对于一个请求最好能只由一个 Async Gateway 实例来负责管理，避免多实例之间需要分布式锁来同步，降低系统的吞吐量。为了达到上述效果，同时使 Async Gateway 组件实例相互之间尽量解耦并且能够横向扩容，我们在 Async Gateway 组件也实现了类似 WorkerManager 组件的租约机制（参考 4.4.3 节），Async Gateway 组件实例会拥有一个全局的令牌，基于租约机制也会有一定的过期时间。请求在传到 Async Gateway 组件之后，会被打上令牌标识并且持久化，表示此请求由持有此令牌的 Async Gateway 实例负责调度与管理。

（4）日志：为了支持用户根据请求 ID 查询执行日志的需求，再加上 RuntimeAgent 进程本身会默认收集 Runtime 进程标准输出这一特点，在异步模式下 RuntimeAgent 进程收集 Runtime 进程的标准输出时会加上请求 ID 作为标记，并在 ELK 中加上相应的索引，从而支持根据请求 ID 获取对应执行的日志。

8.4.3 适用场景

相比传统的通过 Kubernetes Job 去执行长时间任务的方案，FaaS 异步模式有如下优点。

（1）异步模式的接入成本很低，异步模式的代码实现和同步模式的一致。

（2）充分利用 FaaS 平台冷启动的优化，触发执行的时延很低，在并发未到上限的情况下，如果有多余的实例，几乎零时延，如果需要扩容，则会有实例冷启动时延。

（3）兼容 FaaS 平台已有的各种触发器生态，例如定时触发器、Kafka/RocketMQ 触发器等。

针对在适用场景上适合长时间执行的请求，根据我们的经验来看建议平均执行时间在 10s 以上的请求才采用异步模式，原因是状态本身有一定的同步时延，如果执行时间很短，会有较多的并发浪费在状态本身的同步上。另外，由于目前只支持独占模式，因此适合对 CPU/内存有较高要求的任务，如视频编解码、数据批处理等。

8.5 本章小结

本章从 ByteFaaS 平台与字节跳动微服务体系的结合切入，介绍了 FaaS 适配 PaaS 体系的过程。FaaS 作为一个新生事物，为了能使它更好地在公司生态内得到发展、吸引开发者、降低使用门槛等，我们将其与字节跳动内部微服务体系做了深度的适配融合：RPC 协议、自定义镜像、Job 类型任务和字节跳动内部服务治理体系 ByteMesh 等。随着这种融合适配程度的加深和 ByteFaaS 平台规模的进一步扩大，FaaS 与 PaaS 的界限逐渐模糊，FaaS 本身也变成微服务体系计算平台的重要部分，并且开始引导整个字节跳动微服务生态向 Serverless 范式迭代。

第 9 章 FaaS 轻量级函数与云边一体

随着 FaaS 在实际业务中的落地实践增多，单一架构和技术路线无法很好地支撑所有应用场景，FaaS 平台需要针对业务特点进行定向优化，给出特定的解决方案。本章将提出轻量级函数概念以及与之配套的精简架构和云边架构，旨在满足用户对急速冷启动、无感知扩容、极低资源开销、边缘部署、云边通信等方面的诉求。

9.1 轻量级函数

通常在函数计算平台中，函数实例是虚拟机或者容器，函数进程运行在函数实例中，与此同时数据面架构也围绕着虚拟机和容器这两种隔离技术设计。对于这部分内容，在 4.1 节和 5.2 节中有过详细的介绍，下文将用“经典 FaaS”来指代使用这类运行时的 FaaS 平台。

经典 FaaS 运行时的优势是符合用户一直以来的开发思维，并且在运行时层面几乎没有限制，在其他环境（例如在物理机、PaaS 平台上）可以执行的代码，稍加改动甚至不做修改，就可以移植到 FaaS 平台上运行，整体迁移的成本比较低。尤其是在 ByteFaaS 推出了 FaaS Native 方案后，现有应用迁移至 FaaS 平台的成本可以忽略不计。但经典 FaaS 运行时的劣势也比较明显，主要集中在如下几个方面。

（1）函数实例的启动时间相对较长，虽然通过预热或快照等方式可以大幅度降低冷启动时延，达到百毫秒级别，但对于时延敏感的应用，依然需要通过预留实例等手段尽量绕过冷启动，用资源换取时间。

（2）单个函数实例需要独占一个虚拟机或容器实例，资源开销相对较高，进而导致成本较高。尤其是对于那些代码简单且流量小的函数，预留实例会造成资源浪费，不预留实例则会导致函数调用时延抖动。

（3）实例扩容可能带来额外的函数调用时延开销，突发流量下的函数时延不稳定。

（4）对于边缘等资源非常受限的场景，有限的资源总量无法支撑平台使用虚拟机或者容器运行函数实例。

面对上述问题，我们提出轻量级函数（MicroFunction）的概念，指冷启动速度极快且资源开销极低的函数执行方案，并基于轻量级函数设计精简架构和云边架构，在追求极致性能的同时拓展 FaaS 边界，打造云边一体的 FaaS 解决方案。ByteFaaS 采用进程内隔离方式实现轻量级函数运行时（MicroFunction Runtime），提供 WebAssembly 和 JavaScript 两种轻量级函数运行时来满足不同的用户需求，进程内隔离方式的详细介绍见 5.2.5 节。

9.2 WebAssembly 轻量级函数运行时

WebAssembly 起初诞生于浏览器环境，作为 JavaScript 的补充，用于尝试解决大型 Web 应用执行速度慢的问题。后来随着 WebAssembly 标准的演进以及各种独立 WebAssembly 运行时的开源，WebAssembly 开始在服务器端场景中崭露头角。ByteFaaS 利用 WebAssembly 技术实现了一种采用进程内隔离机制的 MicroFunction Runtime，将函数实例冷启动时间缩短至毫秒级，并提供了多种常用编程语言的 SDK，降低用户的学习接入成本，辅助用户快速开发 WebAssembly 函数。

9.2.1 什么是 WebAssembly

WebAssembly 是一种可运行在现代网络浏览器中的新型代码，它的设计目的不是发明一种新的编程语言，而是为如 C、C++和 Rust 等语言提供一个高效的编译目标。它在安全、可移植、轻量化、高效率的虚拟机沙箱中执行，并且可以在不同平台上实现接近本地的运行速度。WebAssembly 模块的编译与执行如图 9-1 所示，各种语言的代码可通过编译器编译成 WebAssembly 模块，编译好的 WebAssembly 模块可以在各平台上的 WebAssembly 虚拟机中运行。

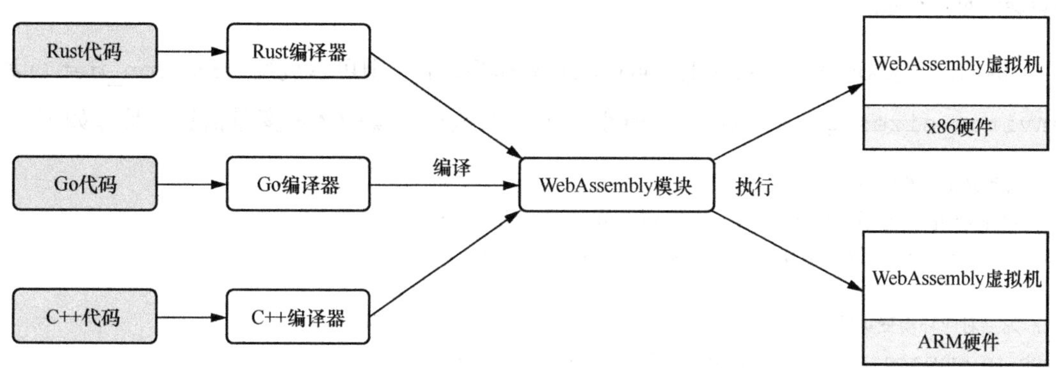

图 9-1　WebAssembly 模块的编译与执行

WebAssembly 天然的轻量、安全、快速、可移植等特性与 FaaS 平台的需求非常契合，可以帮助 FaaS 平台实现极致的轻量化和极致的冷启动速度。而对 FaaS 平台用户而言，采用一种可以编译至 WebAssembly 的语言编写函数代码即可，不会引入过多的学习成本，理论上所有基于 LLVM（low level virtual machine，底层虚拟机）架构的高级语言都可以编译到 WebAssembly。

9.2.2 Hostcall + WASI

业界通常把执行 WebAssembly 代码（字节码）的沙箱环境称作 WebAssembly 虚拟机，运行 WebAssembly 虚拟机的进程被称为宿主（host）进程，虚拟机中执行的代码被称作客户（guest）程序。由于 WebAssembly 本身只是一种可执行格式，Guest 程序自身只能完成纯计算操作，想要拓展 Guest 的能力范围，就需要 Host 提供相应的接口来供 Guest 调用，这些接口统称为 Hostcall。

虽然 WebAssembly 最初诞生于浏览器环境，但是 WebAssembly 技术有着执行快速、安全等优点，渐渐地开发者尝试将它运用在非 Web 环境。而在非 Web 环境中应用 WebAssembly

就需要解决 WebAssembly 与外界交互的问题，此时 WASI（WebAssembly system interface，WebAssembly 系统接口）应运而生。WASI 为 WebAssembly 程序调用 Hostcall 的方式提供了一套系统 API，封装了诸如读写文件、读取环境变量、写标准输出等接口，并且支持运行时对 WASI 进行严格的权限控制。总之，WASI 相当于为 WebAssembly 提供了类似 Linux Syscall 的接口能力。

例如，想要在 WebAssembly 程序中读取环境变量，则可以调用 `environ_get()` 和 `environ_sizes_get()` 接口从 host 侧读取当前执行环境的环境变量信息，具体如下：

```
// 读取环境变量的值
// 缓存空间的大小需要和 environ_sizes_get 返回的大小对齐
pub fn environ_get(arg0: i32, arg1: i32) -> i32;

// 返回对应环境变量的数据长度
pub fn environ_sizes_get(arg0: i32, arg1: i32) -> i32;
```

通常情况下，WASI 会被用户所使用语言的标准库调用，在开发者编写代码时，使用语言标准库中对应的接口即可，无须关心其背后所调用的 Hostcall 接口。例如，使用 Rust 语言开发 WebAssembly 程序时，使用 std::env 包中的环境变量 API 即可实现对环境变量的读取，具体如下：

```
use std::env;

let key = "HOME";
match env::var(key) {
    Ok(val) => println!("{}: {:?}", key, val),
    Err(e) => println!("couldn't interpret {}: {}", key, e),
}
```

在 FaaS 场景下，平台需要定义一些特有的 Hostcall 接口用于传递函数的输入、输出参数。另外，由于 WASI 在现阶段并不十分完善，例如缺乏网络相关的系统接口，因此 FaaS 平台还需要为用户提供一些额外的 Hostcall 接口来丰富运行时的各种能力。除了标准的 WASI，ByteFaaS 的 WebAssembly MicroFunction Runtime 还支持发送 HTTP 请求、发送日志、发送监控、服务发现等常用的内部服务接口。如图 9-2 所示，函数代码通过运行时提供的 Hostcall 接口与外界交互。

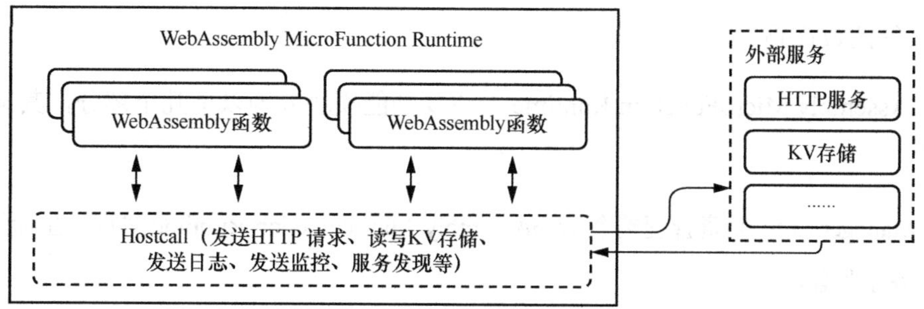

图 9-2　函数代码通过 Hostcall 接口与外界交互

WebAssembly MicroFunction Runtime 可以直接通过 Hostcall 接口向用户提供编程接口，但这样做，一来给用户增加了额外的学习成本，使用户难以上手，二来由于 Hostcall 接口只支持传递数字，会涉及大量的指针传递操作，用户使用起来非常复杂，开发体验极差。为了方便用户使用，ByteFaaS 为常见的开发语言提供了相应的 SDK，如图 9-3 所示，用户只需选择某个可编译至 WebAssembly 的语言即可，可以使用自己熟悉的语言和简单的编程接口编写自己的函数。目前 WebAssembly 函数已支持 4 种语言的 SDK，分别为 Rust、Go、AssemblyScript 和 C++。

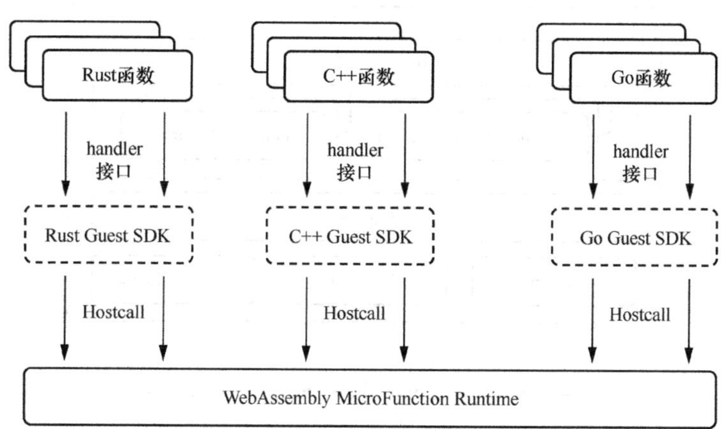

图 9-3　用户可使用 SDK 开发 WebAssembly 函数

9.2.3　运行时架构

WebAssembly MicroFunction Runtime 是常驻进程，单个运行时进程可被多个函数共享，也可被单个函数或租户独占，运行时负责创建、销毁、缓存函数实例，同时负责接收函数请求并执行函数代码。

WebAssembly MicroFunction Runtime 的主要功能模块分为以下几个部分，其架构如图 9-4 所示。

- Management：负责管理整个 WebAssembly MicroFunction Runtime 进程的生命周期、服务注册等。
- Scheduler：负责在多个 CPU 核心上调度函数实例。
- Engine：用于执行 WebAssembly Module 的引擎。
- Hostcall：为函数提供编程接口。
- Function Instance：函数实例。
- Instance Cache：函数实例缓存，函数请求到达时，如果缓存中存在对应函数的实例，则可以跳过冷启动阶段直接复用。
- Module Cache：WebAssembly Module 缓存，如果缓存中存在对应函数的 Module，则可以跳过加载函数 Module 阶段直接复用。

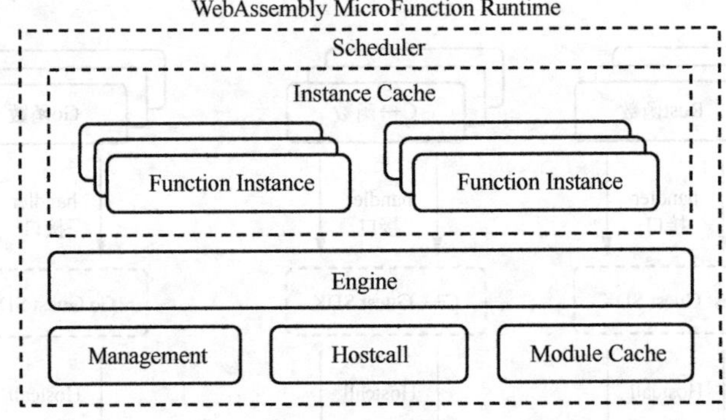

图 9-4 WebAssembly MicroFunction Runtime 架构

9.2.4 冷启动优化

WebAssembly 支持 AOT（ahead-of-time compilation，提前编译）的编译方式，在函数发布阶段将 WebAssembly Module 进行预编译，这样在函数加载阶段就可以跳过 WebAssembly 的编译过程，加快函数 Module 的加载速度。

以 Hello World 函数为例，展示目前 WebAssembly 函数的冷启动开销。其中，实例创建时间/冷启动时间为 0.48ms，函数执行时间为 0.21ms，函数调用总时间为 1.35ms。

```
➜ ~ curl -v https://function-id.fn.example.com
......

> GET / HTTP/2
> Host: function-id.fn.example.com
> user-agent: curl/7.77.0
> accept: */*
>
* Connection state changed (MAX_CONCURRENT_STREAMS == 128)!
< HTTP/2 200
< server: nginx
< date: Tue, 04 Jan 2022 10:25:23 GMT
< content-type: text/plain
< content-length: 12
< x-bytefaas-cold-start-duration: 0.48
< x-bytefaas-execution-duration: 0.21
< x-bytefaas-gateway-duration: 1.35
< x-bytefaas-memory-usage: 1.57
< x-bytefaas-request-id: fa69dbeb-98c9-452e-bd7f-af32d2f3d652
< x-bytefaas-worker-duration: 0.77
< x-bytefaas-worker-schedule-duration: 0.49
< server-timing: inner; dur=2
<
* Connection
```

9.2.5 代码样例

不同语言的 Guest SDK 的接口设计会尽量保持一致，用户需要实现 handler 函数，handler 函数接收 HTTP 请求作为参数，返回 HTTP 响应作为函数执行输出。

以 Rust 语言为例，代码如下。其中 `faas::run` 为函数入口，负责注册 handler 函数。handler 函数参数为 HTTP 请求，返回值为 HTTP 响应。该示例是一个没有执行实际操作的空函数，返回了“Hello WASM!”字符串作为函数响应。

```
use faas::http::{Body, Request, Response};

#[faas::run]
fn handler(req: Request<Body>) -> Response<Body> {
Response::builder()
.status(200)
.header("Content-Type", "text/plain")
.body(Body::from("Hello WASM!"))
.unwrap()
}
```

代码编写完成后，使用相应的语言编译工具，编译出 WebAssembly Module 并发布即可。

以 Rust 语言为例，操作如下，可使用 cargo-wasi 工具编译代码至 WebAssembly Module。

```
➜ cargo wasi build -release
   Compiling bytes v0.5.6
   Compiling itoa v0.4.6
   Compiling fnv v1.0.7
   Compiling http v0.2.1
   Compiling faas v0.1.0 (xxxxxxxx)
   Compiling example v0.1.0 (xxxxxxxx)
    Finished release [optimized] target(s) in 4.74s
  Optimizing with wasm-opt
 ➜ cp -f target/wasm32-wasi/release/example.wasm handler.wasm
 ➜ ls -al handler.wasm
 -rw-r--r--  1 user  staff  139938 Nov 22 10:57 handler.wasm
```

9.3　JavaScript 轻量级函数运行时

9.2 节介绍的 WebAssembly MicroFunction Runtime 可较好地满足大部分静态语言的开发需求，但对 JavaScript 之类的动态语言来说就显得力不从心。JavaScript 无法直接编译到 WebAssembly，只能先将 JavaScript 代码和 JavaScript 引擎（基本都由 C/C++ 开发）一起打包编译成 WebAssembly Module，再在 WebAssembly MicroFunction Runtime 中执行。

但这种方式有两个明显的缺点，一是以这种方式运行 JavaScript 是没有 JIT（just-in-time

compilation，即时编译）支持的，执行效率较低；二是 JavaScript 代码和 JavaScript 引擎打包编译的 WebAssembly 产物比较大，会影响启动速度。编译产物大的问题，后续可以尝试通过 Module Linking（Module Linking 允许在 WebAssembly 模块中引用其他模块）复用 Module 来解决，不过现阶段 Module Linking 尚未稳定。为了充分支持 JavaScript 语言、拥抱 JavaScript 生态，ByteFaaS 采用 Google 公司的 V8 引擎实现进程内的函数隔离机制，开发出了 JavaScript 轻量级函数运行时。

9.3.1 背景知识

V8 是由 Google 公司开发的开源、高性能 JavaScript 引擎，不仅用于 Chrome 浏览器，也被 Node.js 所采用。因为浏览器的工作性质比较特殊，需要运行来自各种未知网站的 JavaScript 代码，其本身就需要一种隔离机制，让未知的 JavaScript 代码运行在隔离环境中，防止来自不同站点的 JavaScript 代码互相干扰，并保护用户的计算机不受恶意代码的攻击。这种隔离机制在 V8 引擎中叫作 Isolate，官方解释为"An isolate is a VM instance with its own heap"，可以理解为JavaScript虚拟机，运行在同一进程内不同Isolate中的代码相互隔离。ByteFaaS利用 V8 Isolate 的特性开发出的轻量级函数运行时，称作 JavaScript MicroFunction Runtime。

9.3.2 Host API

类似 WebAssembly，V8 本身只是一个 JavaScript 引擎，运行在 V8 中的 JavaScript 代码也只能进行纯计算操作，所以 FaaS 平台需要在此基础之上为用户提供各种 API，这些 API 被称作 Host API。如图 9-5 所示，函数代码通过运行时提供的 Host API 与外界交互。

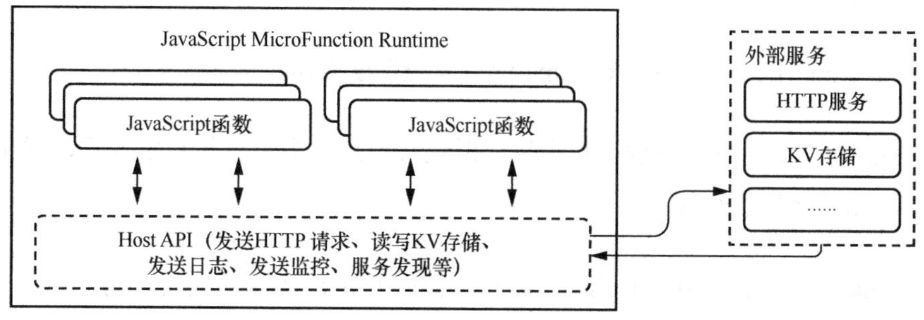

图 9-5 函数代码通过 Host API 与外界交互

JavaScript MicroFunction Runtime 向用户提供的 API 包含两类，一类遵循 Service Worker API 规范，提供常用的如 Fetch、WebCrypto、Console、Timer 等接口；另一类是 FaaS 平台提供的能力，例如发送 HTTP 请求、读写 KV 存储、发送日志、服务发现等接口。

9.3.3 运行时架构

JavaScript MicroFunction Runtime 属于常驻进程，单个运行时可被多个函数共享，也可被单个函数或租户独占。每个 JavaScript MicroFunction Runtime 启动后，会启动若干子进程，每个子进程包含若干函数实例，如图 9-6 所示。

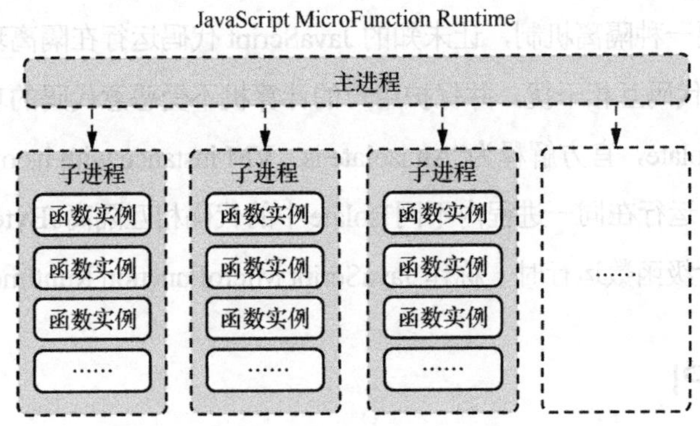

图 9-6　JavaScript MicroFunction Runtime 多进程架构

子进程负责创建、销毁、缓存函数实例，同时负责接收函数请求并执行函数代码，子进程内架构如图 9-7 所示。

在 JavaScript MicroFunction Runtime 中有 3 类调度实体，具体如下。

（1）Thread：操作系统线程，每个运行时进程会启动多个操作系统线程，通常启动和 CPU 核心数相同数量的线程。

（2）Isolate：V8 引擎中的 Isolate，运行时使用 Isolate 实现函数间的隔离，每个 Isolate 归属一个 Thread。

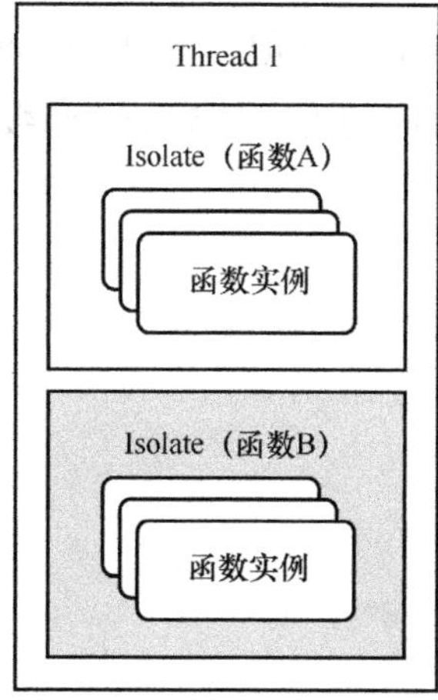

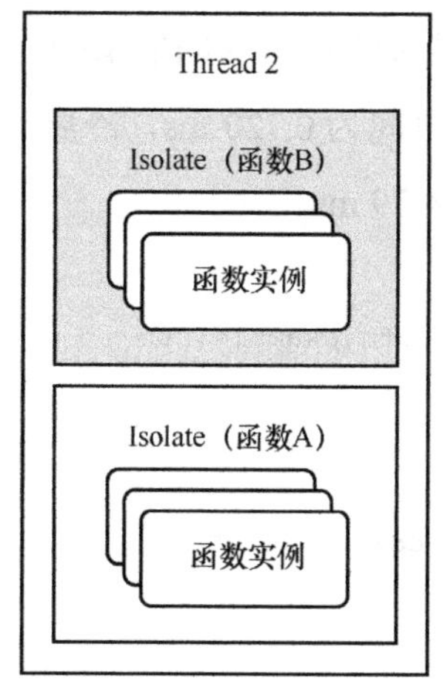

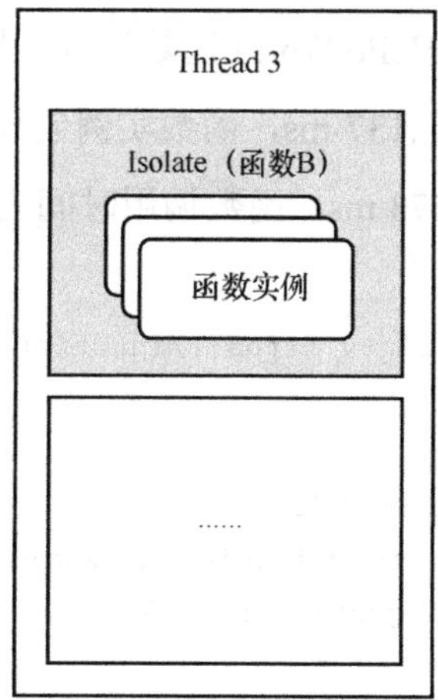

图 9-7　子进程内架构

（3）Instance：函数请求的执行环境，即函数实例，一个函数请求占用一个函数实例，每个函数实例会在对应函数的 Isolate 中执行。

函数实例的管理主要遵循如下规则。

（1）函数请求到达时，如果对应函数的 Isolate 不存在，则需要创建 Isolate。

（2）函数请求到达时，如果对应函数的 Isolate 中没有空闲的函数实例，则需要创建函数实例。

（3）尽量在不同线程上创建同一个函数的 Isolate。

（4）长时间不使用的 Isolate 会被销毁。

9.3.4 冷启动优化

类似 WebAssembly 函数，JavaScript 函数也可以针对函数代码加载阶段做进一步的优化。可在函数发布阶段将 JavaScript 代码进行预加载，输出其内存的快照，这样在函数加载阶段就可以跳过 JavaScript 代码加载过程，而直接加载快照，进一步加快函数的加载速度。

以 Hello World 函数为例，展示目前 JavaScript 函数的冷启动开销。其中，Isolate 创建时间为 2.137 ms，函数实例创建时间为 0.720 ms，冷启动总时间为 2.875 ms，函数执行时间为 0.573 ms，函数调用时间为 4.79 ms。

```
➜ ~ curl -v https://function-id.fn.example.com
......

> GET / HTTP/2
> Host: function-id.fn.example.com
> user-agent: curl/7.77.0
> accept: */*
>
* Connection state changed (MAX_CONCURRENT_STREAMS == 128)!
< HTTP/2 200
< server: nginx
< date: Tue, 04 Jan 2022 10:28:14 GMT
< content-type: text/plain
< content-length: 16
< x-bytefaas-cold-start-duration: 2.875
< x-bytefaas-execution-duration: 0.573
< x-bytefaas-gateway-duration: 4.79
< x-bytefaas-instance-creation-duration: 0.720
< x-bytefaas-request-id: 58beed94-013e-47d8-a502-a833b17bd95b
< x-bytefaas-runtime-creation-duration: 2.137
< x-bytefaas-worker-duration: 3.962
< x-bytefaas-worker-schedule-duration: 2.178
< server-timing: inner; dur=6
<
* Connection
Hello w8 worker!↵
```

9.3.5　代码样例

ByteFaaS 用户只需要根据前文所述的 API 规范，编写函数代码并进行发布即可。下方代码示例中，addEventListener()函数用于注册函数事件，目前支持 3 种事件类型，fetch 类型注册 HTTP 触发器事件所调用的函数，scheduled 类型注册定时触发器事件所调用的函数，event 类型注册 MQ 触发器事件所调用的函数。函数执行完毕后，用户需要调用 event.respondWith()函数向 FaaS 平台返回 HTTP 响应。值得一提的是，addEventListener()和 event.respondWith()都属于 Service Worker API 标准中的函数，它们本来在浏览器环境中分别用于注册事件监听器和返回 HTTP 响应，而在 FaaS 环境下被赋予了不同的含义。

```
// 处理 HTTP 请求
addEventListener("fetch", event => {
  event.respondWith("Hello world!");
});

// 处理定时触发器事件
addEventListener("scheduled", event => {
  event.respondWith("Hello timer!");
});

// 处理 MQ 触发器事件
addEventListener("event", event => {
  event.respondWith("Hello message queue!");
});
```

对于需要依赖其他 npm 的复杂函数，可通过 Webpack、ESbuild 或 Babel 等工具，将代码打包成单个 JavaScript 文件来进行函数发布。

9.3.6 两种函数轻量级运行时对比

对 MicroFunction 有需求的用户，可根据实际开发场景选用合适的运行时，其详细对比如表 9-1 所示。最明显的差异主要体现在语言支持和开发者成本上，WebAssembly MicroFunction Runtime 对编程语言的支持比较广泛，但存在一定的学习成本，至少需要开发者了解如何将自己使用的语言代码编译成 WebAssembly Module；而对于 JavaScript 用户，兼容最新 JavaScript 语法的 JavaScript MicroFunction Runtime 无疑是最佳选择。

表 9-1　WebAssembly MicroFunction Runtime 与 JavaScript MicroFunction Runtime 的对比

比较项目	WebAssembly MicroFunction Runtime	JavaScript MicroFunction Runtime
语言支持	理论上所有基于 LLVM 架构的高级语言 WebAssembly 都支持，可满足绝大多数语言需求	JavaScript
执行效率	较高	较低
冷启动时间	小于 1ms	约 3ms
开发者成本	较高。 需要将代码编译至 WebAssembly，现阶段在语言和编译器支持上仍不完善，用户需要付出一定的学习成本	较低。 支持标准的 Service Worker API 规范

9.4　精简架构

由于现有的经典 FaaS 架构相对比较复杂，不利于发挥轻量级函数运行时的优势，因此 ByteFaaS 设计了一套精简架构，以实现极致的启动速度和极低的资源开销，支持在中心机房、汇聚机房和边缘机房部署。

9.4.1　整体架构

与经典 FaaS 架构一样，精简架构采用单一控制面包含多 Region、每个 Region 内包含多机房的形式，单机房内的精简架构如图 9-8 所示。在部署上可以与经典 FaaS 架构共享物理资源，并共享经典 FaaS 架构中的控制面 FaaS Server、定时触发器、MQ 触发器等系统组件。

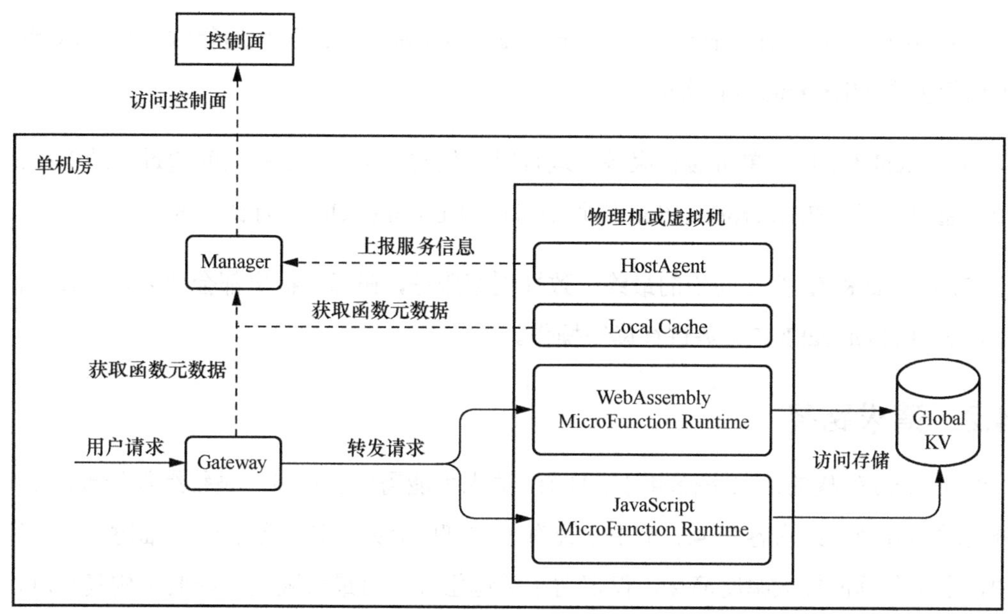

图 9-8 单机房内的精简架构

精简架构中各组件的介绍如下。

（1）Manager：多节点主从架构，内部通过 Raft 协议进行选主，主节点与控制面通信，负责订阅和拉取函数元数据并在本地缓存，从节点备份主节点数据。除了负责元数据同步，主节点还负责函数资源池划分、流量调度策略调整、单机房组件健康状态检查、机房信息上报等各种管理类任务。

（2）Gateway：接收用户函数调用请求，依照从 Manager 获取的函数元数据信息以及调度策略，选择合适的 MicroFunction Runtime 实例转发请求。

（3）HostAgent：负责与运行时生命周期相关的操作，如注册/解注册运行时信息到 Manager、拉取代码包、汇报运行时实例的资源使用情况等。

（4）WebAssembly MicroFunction Runtime：WebAssembly 轻量级函数运行时，每个运行时进程内运行多个 MicroFunction 实例。

（5）JavaScript MicroFunction Runtime：JavaScript 轻量级函数运行时，每个运行时进程内运行多个 MicroFunction 实例。

（6）Local Cache：单机缓存服务，运行时实例与 Local Cache 之间通过本地 UNIX 域套接字通信，用户在 MicroFunction 代码中可以对 Local Cache 进行读写操作。

（7）Global KV：全球同步的最终一致性缓存服务，在每个机房都会部署，函数实例访问本机房内的 Global KV 服务进行读写操作。

9.4.2　请求路径

经典 FaaS 架构的请求路径相对较复杂，请求可能需要经过多个系统组件处理，会增加额外的时间开销，此内容在 4.1 节中已经有了详细的介绍，这里不做过多描述。在精简架构中，由于数据面被大幅度简化，仅保留了关键组件，可最大限度地降低架构复杂度，同时最大限度地减少数据面路径给请求带来的时间开销。在精简架构中，用户请求首先到达 Gateway 组件，Gateway 组件负责请求调度并在请求中附加函数相关元数据，随后直接将请求发送给相应的函数运行时进程，触发相应函数的执行，整个函数调用过程几乎没有额外的系统内部开销。图 9-9 所示为精简架构请求路径示意。

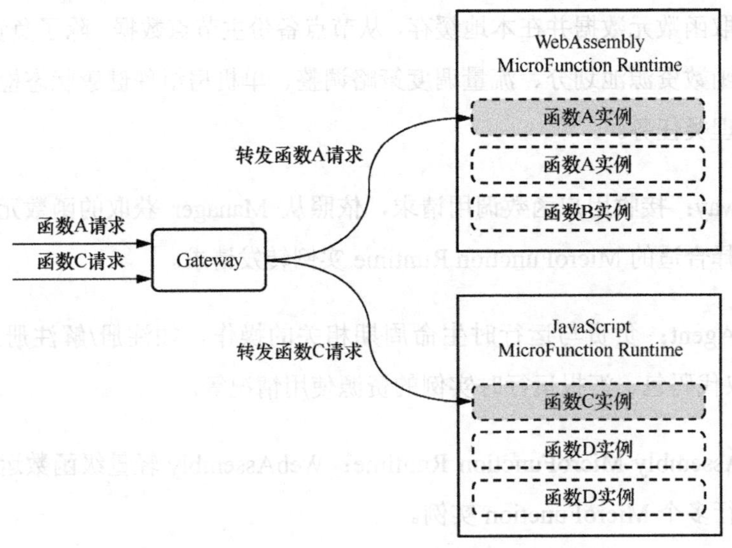

图 9-9　精简架构请求路径示意

9.4.3 流量调度

在数据面请求路径中，Gateway 组件需要选择一个合适的 MicroFunction Runtime 实例来进行请求转发。Gateway 组件流量调度策略分为两个阶段，依次为预选阶段和优选阶段。

预选阶段决策过程如下。

（1）检查函数是否有函数级别的隔离配置，如果有则使用相应资源池中的运行时实例列表，否则使用公共资源池中的运行时实例列表。

（2）检查函数是否有租户级别的隔离配置，与（1）中的处理方式相同，选取出符合条件的函数实例列表。

优选阶段决策过程如下。

（1）依据运行时实例负载情况，包括并发请求数量和 CPU、内存利用率等，转发请求至负载较低的 MicroFunction Runtime 实例上。负载信息由 HostAgent 组件上报至 Manager 组件，再同步到 Gateway 组件，如图 9-10 所示。

（2）当负载信息不可用时，轮询访问后端实例。

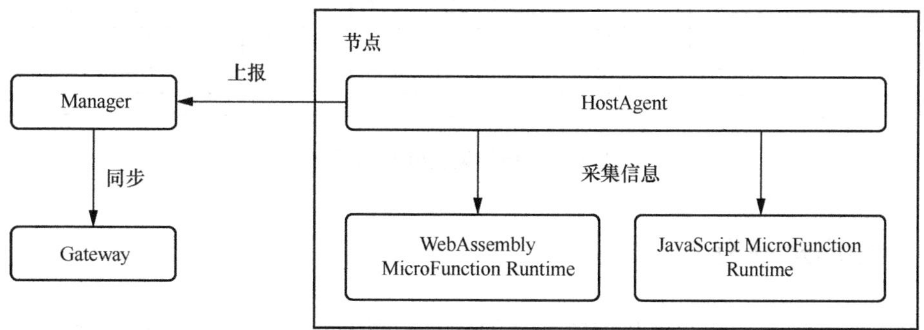

图 9-10　HostAgent 组件向 Manager 组件上报负载情况并同步到 Gateway 组件

对执行环境有强隔离需求的用户，或者对资源保障有强需求的场景，FaaS 支持租户隔离功能。租户隔离功能支持创建资源池，在资源池中可以加入一批 MicroFunction Runtime

实例，单个资源池也可被多个函数实际共享，精简架构资源池示意如图9-11所示。函数配置使用资源池后，流量会被打入资源池，同时可配置当资源池中的资源被使用完后是否使用默认公共资源池。

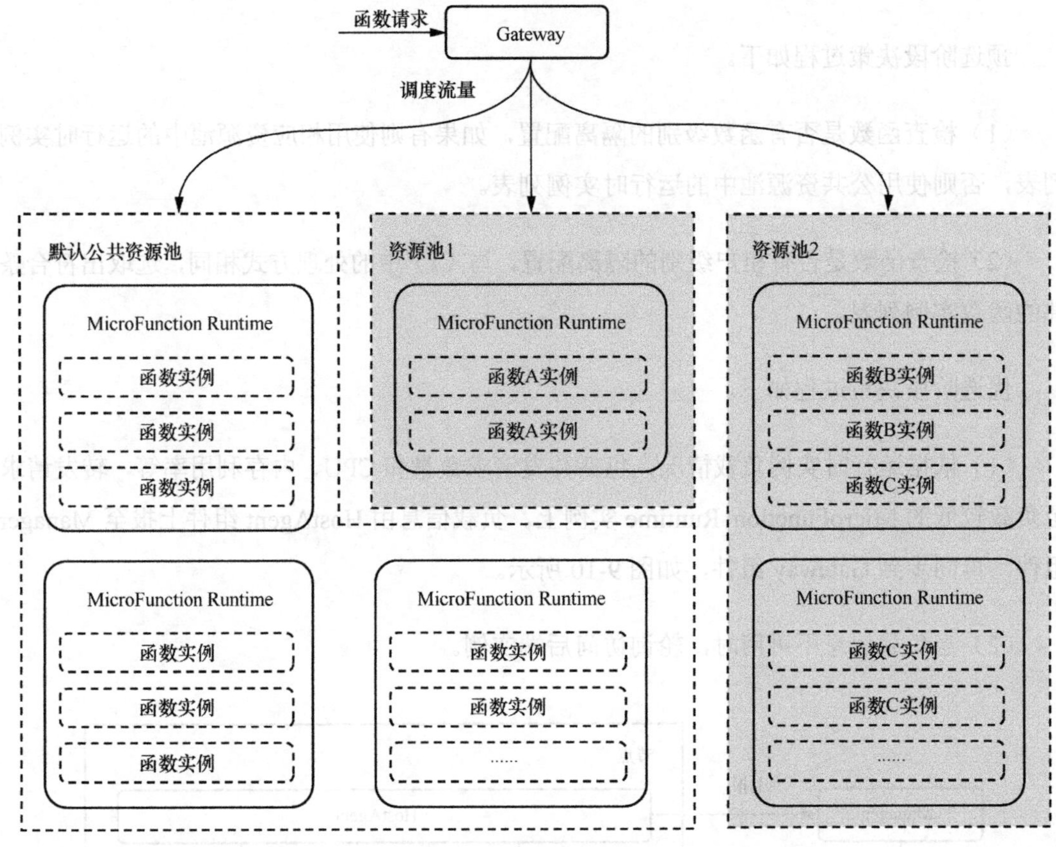

图9-11　精简架构资源池示意

9.4.4　冷启动优化

轻量级函数冷启动请求优化前的路径如图9-12所示，轻量级函数的冷启动请求会经历如下几个步骤。

（1）函数请求到达Gateway组件。

（2）Gateway组件向控制面查询相对应的函数元数据信息。

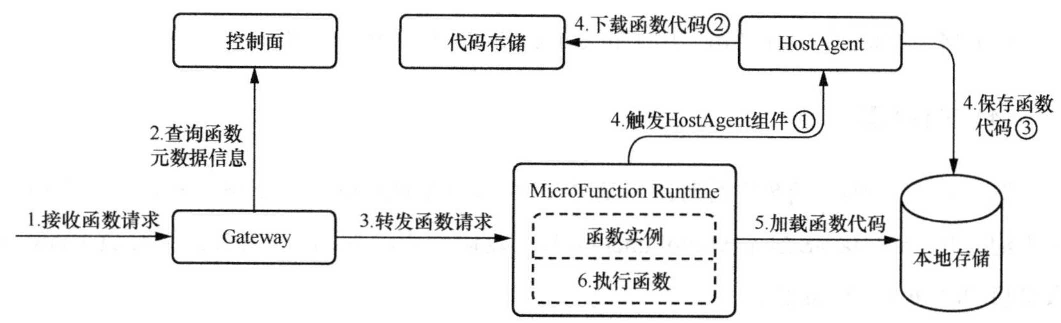

图 9-12 轻量级函数冷启动请求优化前的路径

（3）Gateway 组件转发函数请求到 MicroFunction Runtime 实例。

（4）MicroFunction Runtime 实例触发 HostAgent 组件下载函数代码，将函数代码保存到本地存储。

（5）MicroFunction Runtime 实例加载函数代码，初始化函数实例。

（6）执行函数。

其中，第（2）步可以通过在 Gateway 组件中缓存函数元数据信息跳过，第（4）步可以通过函数代码包预分发跳过，通过这两步优化，去除了函数冷启动请求中对外部服务或组件的依赖。

优化后的轻量级函数冷启动请求路径如图 9-13 所示。

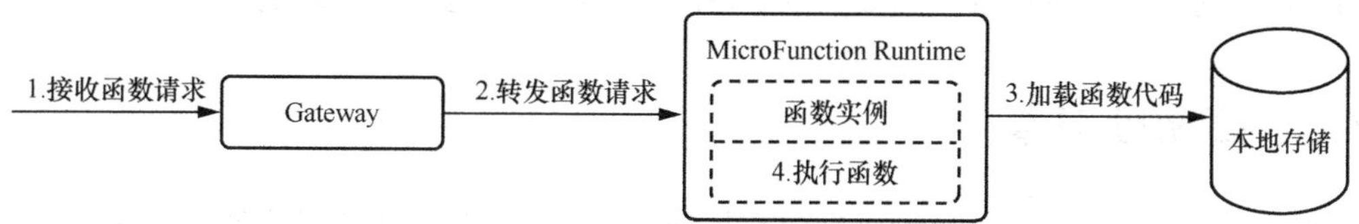

图 9-13 优化后的轻量级函数冷启动请求路径

（1）函数请求到达 Gateway 组件。

（2）Gateway 组件查询内存中的函数元数据缓存，并转发函数请求到 MicroFunction Runtime 实例。

（3）MicroFunction Runtime 实例加载函数代码，初始化函数实例。

（4）执行函数。

图 9-14 所示为各函数运行时冷启动时间对比，WebAssembly MicroFunction 冷启动时间大约为 0.5ms，JavaScript MicroFunction 冷启动时间大约为 3ms，相比之下经典 FaaS 函数冷启动时间在 100ms 内。

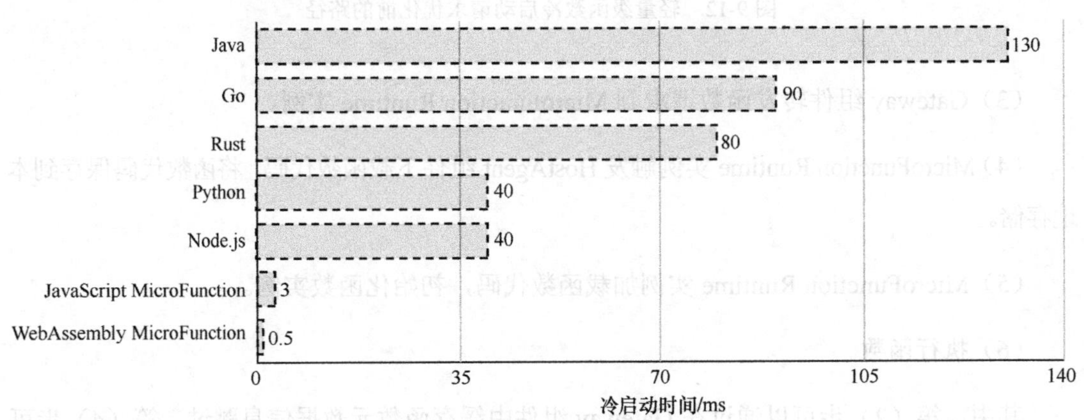

图 9-14 各函数运行时冷启动时间对比

除了针对数据面请求链路的优化，MicroFunction 还支持预留实例，在 MicroFunction Runtime 进程中预先启动一批函数实例，可在大多数场景下消除冷启动带来的时间开销。当然，在应对突发流量场景且函数实例不足时，依然会有函数冷启动的时间开销。

9.4.5 高密度部署

MicroFunction Runtime 进程可创建和执行多个函数实例，由于单个函数实例的开销极小，可以实现函数高密度部署。

以单个 MicroFunction Runtime 实例分配 8 核 16GB 内存、单个函数实例占用 32MB 内存大小为例，同时每台计算机为管理组件保留 8 核 16GB 内存，且每个 MicroFunction Runtime 实例保留 1GB 内存自用，即不分配给函数。如果采用 Amazon EC2 C5 机型（96 核 192GB

内存）运行 MicroFunction Runtime 实例，则在理论上不超配的情况下单机可以运行 11 个 MicroFunction Runtime 实例，承载 5280 个函数实例。

9.5 云边架构

为了满足用户的极致体验，优化 APP 端交互效果，FaaS 在边缘场景下提供了轻量级函数的落地方案。为保证云边跨公网、跨多地区条件下 FaaS 架构的稳定性和可用性，我们设计实现了 FaaS 的云边架构，本节将主要介绍流量接入、云边通信和边缘可用性三大方面。

9.5.1 理念介绍

边缘计算按照字面意思理解，即将计算挪到边缘。随着云计算的发展，更多的业务场景需要在能够支持一定算力的条件下，不断地缩短算力和客户端的距离，来减少客户端到服务器端之间的网络时延。例如 SSR（server-side rendering，服务器端渲染）、VR（virtual reality，虚拟现实）、汽车智能驾驶等场景，对时延和算力有着更高的要求。在此情况下云计算不断向边缘扩散，搭载算力的设备也从海量的云主机到千百级别计算机的汇聚节点，到几十台计算机的边缘节点，再到可支撑编程算力的硬件设备，边缘计算不断地贴近用户侧，以满足各种极致的性能需求。

边缘计算的架构设计主要需要考虑如下方面。

（1）资源受限：单个边缘节点的资源情况，一般为几十台物理机的规模，并且在多云、多运营商环境中，计算机型号供给都存在一定的异构。在此规模下，不可能直接在边缘机房提供所有云上产品的服务，尤其存储类服务对磁盘性能、多副本类的需求，在边缘场景都无法被很好地满足。

（2）网络环境受限：与传统的云上相比，边缘机房网络的可靠性和稳定性都有所下降，可被认为是弱网环境。在海量边缘节点，弱网环境下的配置信息下发同步，如何保证时效性和最终一致性，需在架构设计中进行考虑。

（3）高分布式：边缘节点理论上可以无限增加，所以整个架构的设计就需要考虑边缘机房内部服务的自洽。每个边缘节点都可以在不和云端、其他边缘机房通信的情况下提供相对完整的服务。

（4）云边一体：边缘计算不只是简单地将算力铺设到距离用户更近的地方，由于用户基于云计算算力向边缘扩展，因此如何保证用户在边缘的使用方式、可观测性等方面的一致性体验也需要进行重点设计和实现。

虽然边缘计算受到各种限制，其架构实现难度提升，但边缘计算的好处也是显而易见的，边缘计算可以大大地缩减客户端到服务器端的整体时延，极大地提升客户端的交互体验，同时缩小云端集中式部署服务的整体宕机故障域，即使云端完全处于不可用状态，短期内对边缘服务可用性也不会有特别大的影响。

9.5.2　流量接入

在边缘场景下，需要做到流量就近接入，以实现边缘计算的最大价值。为此字节跳动基础架构函数计算团队联合云解析调度团队集成了 GTM（Global Traffic Managment，全局流量管理）平台，该平台是字节跳动的自研系统，主要在 DNS（domain name system，域名系统）层面提供基于解析的通用地理位置就近接入、全局流量均衡以及基于健康检查的故障隔离和容灾能力。

GTM 支持 DNS 就近解析时序图如图 9-15 所示，流程如下。

（1）业务在 GTM 控制面创建业务域名所属的 GTM 实例，并进行健康检查策略等配置。

（2）策略中心从 GTM 控制面获取 GTM 相关配置，包含 GTM 必要配置、健康检查策略、DNS 通用配置等信息。

（3）策略中心获取域名相关配置后，根据配置生成相关的探测任务，下发到探测中心。

（4）探测中心获取探测任务，根据服务器端选择合适的探测节点，下发任务到探测节点。

（5）探测节点进行探测、本地聚合，然后上报探测结果。同时探测中心需要进行二次数据聚合和统计，其结果最终被策略中心采集。

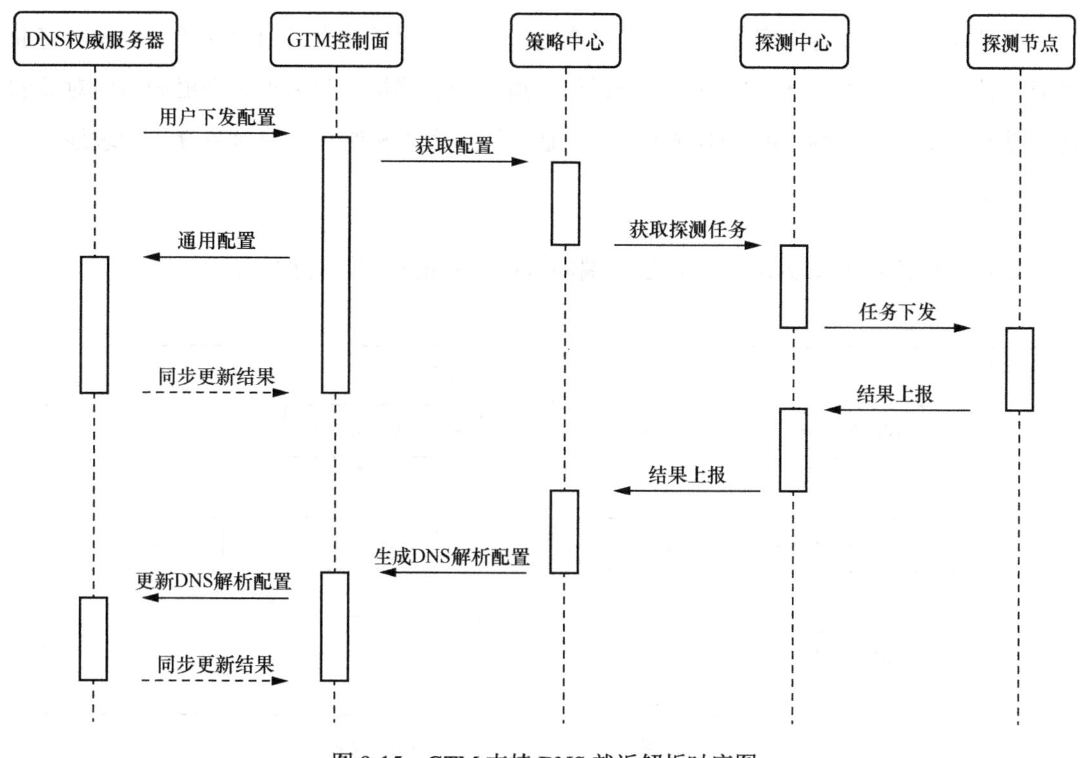

图 9-15　GTM 支持 DNS 就近解析时序图

（6）策略中心根据域名配置和探测结果，生成最终的 DNS 解析配置，通过 GTM 控制面下发到 DNS 权威服务器。

（7）随后的探测、策略计算和解析更新会周期性进行，直到用户关闭 GTM。

综上，业务在 GTM 平台配置相关策略后，GTM 通过配置信息，返回用户就近的边缘机房 IP 地址信息，从而实现在公网层面的全局流量调度。

9.5.3　云边通信

受限于边缘所在节点环境的安全问题，同时每个边缘机房都与云端建立专线的成本过于巨大，无法提供 IP 层的云边通信通道，因此 FaaS 平台联合字节跳动的框架研发团队推出 EdgeMesh 服务，作为云边通信的可靠信道，目前支持 HTTP 和 RPC 协议。

整体思路是在边缘机房和中心机房各搭建一个代理服务作为云和边的通信代理，将业务真实请求通过代理封装一层公网安全通信信道，当云端接收到请求后会根据访问对端的服务信息，如服务名称、所属集群等信息，通过服务发现机制，获取服务真实请求地址后进行通信。

云边通信流程如图 9-16 所示，边缘端向云端发起请求的流程如下。

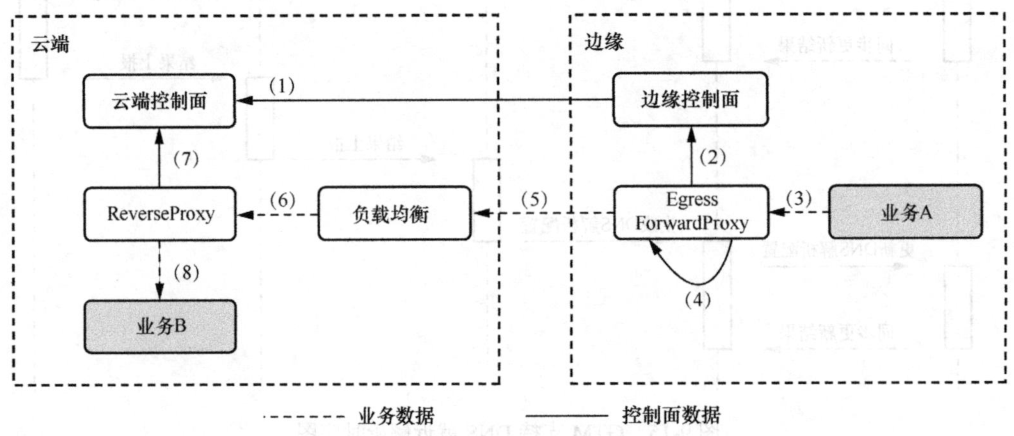

图 9-16　云边通信流程

（1）边缘控制面从公网向云端控制面获取流量规则，同时将其更新到本地的持久化存储，作为本地的单机房内部容灾数据备份。

（2）边缘机房的出流量代理服务从边缘控制面获取流量处理规则。

（3）业务 A 通过支持 EdgeMesh 的框架，将请求发送到 Egress 服务。

（4）Egress 将请求发给流量正向代理（ForwardProxy）服务。

（5）ForwardProxy 根据元信息查找对应的反向代理（ReverseProxy），向 ReverseProxy 建立 mTLS 连接。

（6）通过 ReverseProxy 前置的 4 层负载均衡到达 ReverseProxy。

（7）ReverseProxy 根据请求携带的目标服务元信息向云端控制面请求业务 B 的实例信息。

（8）ReverseProxy 根据目标服务元信息再向业务 B 请求。

在整体通信过程中，EdgeMesh 的控制面流量和数据面流量相互隔离。业务的公网通信通道经过自签证书双向加密，定期更新以保证信道的通信安全。业务方在无感知的情况下，可以使用受信的安全通道，达到边缘节点和云端的安全通信，通过以上工作，能基本达成云边一致的使用体验。

9.5.4 边缘可用性

由于边缘机房的环境复杂，边缘机房的可用性保障远不如云端机房的稳定，因此在此场景下，除去 9.5.2 节中通过 GTM 平台的探测中心进行全网拨测外，还设立了两种策略，即单机房内部健康检查、边缘机房到中心机房的心跳上报和熔断策略，保证在单机房内部的局部不可用或者局部边缘机房不可用的情况下，对服务整体的可用性不会产生不可控的影响。

针对边缘机房的可用性，边缘管理组件（Edge Manager）支持边缘健康检查模块（Edge Health Check），负责对边缘所有基础服务进行健康检查，并将健康检查数据上报到中心机房，作为中心机房服务熔断、切流等操作的数据依据。

边缘健康检查关系如图 9-17 所示，Edge Manager 组件与每台宿主机上的 HostAgent 组件保持长连接，定期轮询所有 HostAgent 组件，通过 HostAgent 组件检查所在宿主机上组件的存活性，并将其进行汇总。Edge Manager 组件会对当前所有节点的负载情况、可用情况汇总计算，并通知 Gateway 组件做流量负载的切换。例如，Edge Manager 组件与某台宿主机上的 HostAgent 组件无法通信时，会将该节点标记成不可用状态并通知 Gateway 组件，Gateway 组件接收到请求后，就不再将流量调度到该节点的 MicroFunction。与此同时，Edge Manager 组件会继续尝试对该节点进行健康检查，待其恢复后，再加入流量调度。

Edge Manager 组件也会对机房内部的核心组件进行健康检查，如 Global KV 可用性（详见 9.6 节存储服务）、EdgeMesh 可用性等，通过既定策略和指标设定，来确定单个边缘节点是否有能力提供可用算力，从而可以将单机房内部故障域控制在物理机节点、单 MicroFunction Runtime 层面或机房故障层面。根据整体情况汇总，确定单个边缘节点的可用性，并通过 GTM、边缘管理平台（EdgeMS）进行自动化熔断、切流操作。

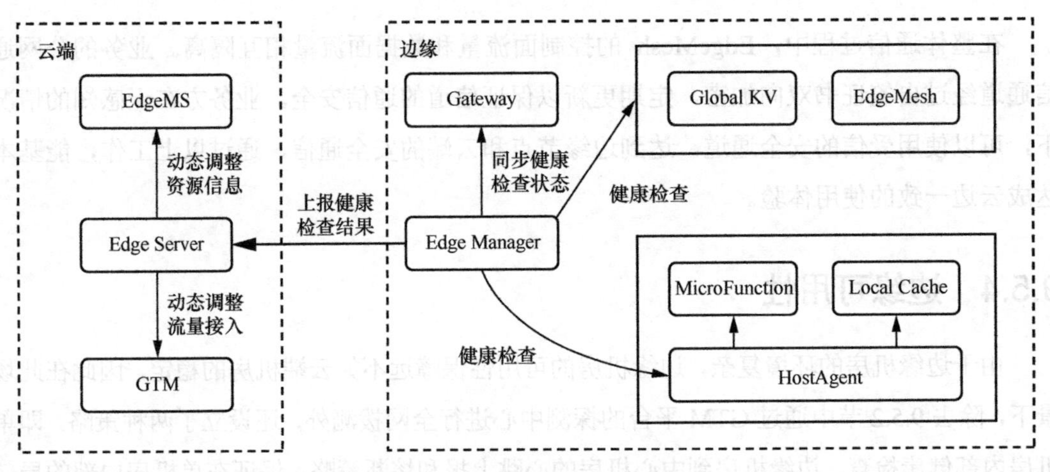

图 9-17　边缘健康检查关系

在介绍熔断策略之前，首先对业务接入的流量分配实现方案进行简要说明。业务接入流量关系如图 9-18 所示，通过 GTM 的能力，可以支持业务域名同时别名解析（CNAME）到多个域名上，并且可以调整多个被 CNAME 域名解析的权重。在业务接入过程中，为了实现流量灰度和边缘机房整体宕机可以快速切回云端，业务域名均同时配置了云端和边缘端的域名解析记录。在此基础上业务流量可以做到云边的快速切换，为实现熔断机制打下基础。

每个边缘节点都部署了 Edge Manager 组件，并且具有对边缘机房进行内部健康检查的能力，Edge Manager 组件将边缘健康检查数据采集后，定期上报到中心机房的 Edge Server。边缘上报的指标主要包括：边缘负载、边缘容量、关键组件存活性、MicroFunction 资源池容量、边缘物理节点可用性等信息。Edge Server 组件根据预定策略，可动态调整指定边缘节点的流量接入，例如：

- 当某边缘节点长时间未上报数据时，将该节点从 GTM 解析记录中摘除，不再接收流量，触发熔断操作；

- 当某边缘节点负载过高时，查看剩余资源情况，若资源充足则补充资源，若资源不足则可以降低该节点在 GTM 解析记录中的权重，减少流量负载，触发边缘节点流量降级；
- 当某些域名遭遇 DDoS（Distributed Denial of Service，分布式拒绝服务）攻击等情况时，可以将该域名解析拉到“黑洞”，或者根据业务情况，切换流量到中心机房，以抵挡攻击流量。

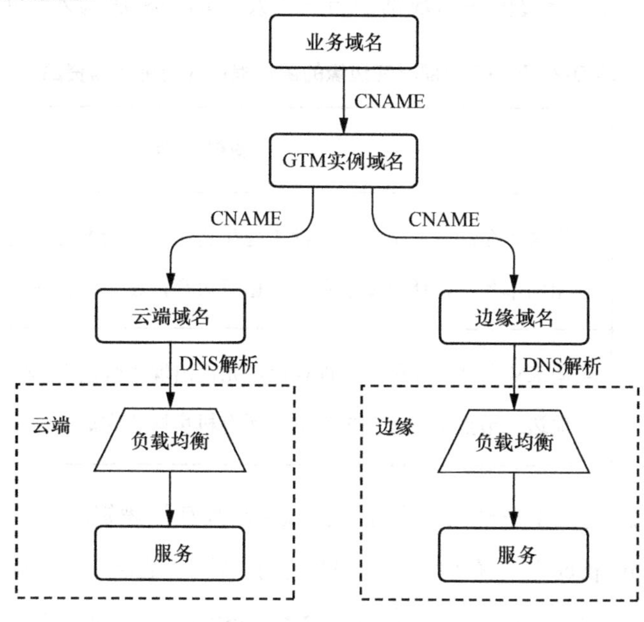

图 9-18　业务接入流量关系

综上，通过 GTM 全局健康检查、单机房内健康检查、边缘机房与云端保持心跳并上报边缘机房可用性信息这 3 种维度，来保证故障的自动化处理和切流操作。

9.6　存储服务

边缘计算业务不止需要计算能力，也需要一定的存储能力。在很多场景下业务需要通过本地缓存部分热数据以加快响应速度，需要将一些配置信息下发到所有的边缘节点。轻量级函数的实现机制，使得业务代码内部实现的缓存会随着函数生命周期的结束而失效。

为此 FaaS 平台提供了两种存储资源，以满足用户的使用需求。

9.6.1　存储资源

目前 FaaS 平台为部署在边缘的函数提供了两种存储资源，如表 9-2 所示。其中，Local Cache 主要解决计算过程中的缓存需求，适用于性能优化场景，不可作为持久化存储的方案；Global KV 主要用于云边机房的数据同步与下发，单个机房写入后所有机房可读。

表 9-2　FaaS 为部署在边缘的函数提供的两种存储资源

存储类型	存储特性
Local Cache	单机 KV 存储。使用本地磁盘作为存储介质，受本地磁盘性能、大小限制，且无副本备份，所以要求业务数据可丢弃，使用时需做好兜底方案
Global KV	全局 KV 存储。非强一致性存储，允许出现“脏读”。某个边缘节点写入后，其他边缘节点可能读到旧数据，所有机房同步完成需要十秒级别的耗时

为管理存储资源，FaaS 平台抽象出 namespace 作为存储逻辑单元，可以针对存储类型进行申请。同时 namespace 也是存储资源管理的最小单元，是存储资源隔离的最小维度。多个函数可以绑定同一个 namespace、共享同一个 namespace 的资源，平台会针对 namespace 做访问限速、存储空间大小限制、键数量限制、单个键的值（value）大小限制等。

9.6.2　Global KV

Global KV 是一个支持全球性同步的低时延最终一致性 KV 存储，基于字节跳动自研的 KV 存储构建。Global KV 非常适合读多写少的使用场景，如渲染缓存、配置分发、身份验证等，在任意位置的数据变更都会同步到其他地区。对函数而言，无论是写请求还是读请求都要与本地的 Global KV 服务进行交互，以实现低时延访问。

根据部署环境的差异，边缘场景的机房被拆分为两大类，即汇聚机房和边缘机房。汇聚机房是自建的数据中心，与中心机房用专线相连，网络稳定性有保证，部署服务所需资源也有所保证。同时汇聚机房具有和其他汇聚机房、中心机房服务直接通信的能力，不存在网络隔离。边缘机房环境整体比较复杂，受限于边缘机房所在城市的物理设备供给，边缘机房不能很好地满足存储服务的各种需求，例如多副本备份的资源需求、磁盘的性能需求等。

Global KV 基于字节跳动自研的 KV 存储系统，随着副本数量的增多，访问 Global KV 的时延将不断增加。所以在海量边缘节点的情况下，我们无法做到将 Global KV 的副本部署到每一个边缘系统。受以上条件限制，Global KV 关系如图 9-19 所示，我们决定将真正的 Global KV 副本部署在汇聚机房，同时在每一个边缘机房中，部署一个 Global KV Proxy。Global KV Proxy 是一个纯内存的分布式代理服务，并且提供热数据的 Cache 能力。

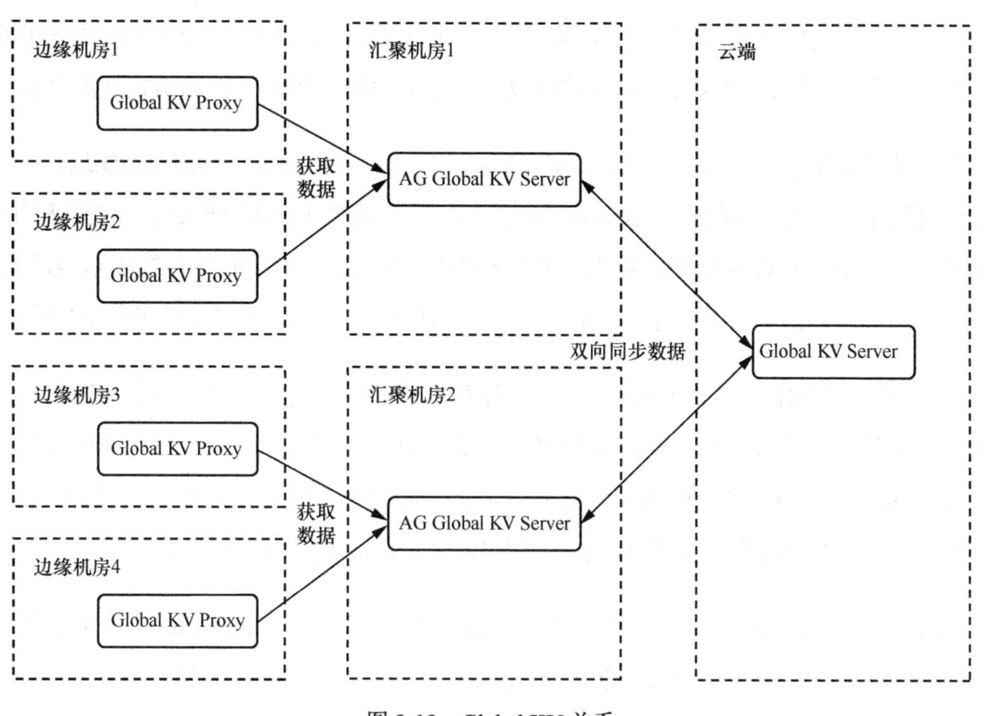

图 9-19 Global KV 关系

Global KV Proxy 基于云边通信的 EdgeMesh 七层安全通道，通过公网和距离最近的汇聚机房 Global KV 副本进行通信。Global KV 的数据同步策略采用懒加载的方式，用户在边缘访问所需数据时，Global KV Proxy 首先访问本地 Cache 数据，若命中则直接返回，若未命中则 Proxy 将保持请求。同时同步向当前边缘机房所归属的汇聚机房 Global KV 发起请求，汇聚机房的 Global KV 服务将进行数据查找，若 key 信息不存在则返回对象不存在信息，若存在则返回数据。边缘机房的代理服务，在接收到汇聚机房的返回信息后，若含有数据则将其更新到 Cache 缓存数据，同时将数据信息返回给业务。受边缘环境的条件限制，Global KV Proxy 无法缓存全量的 Global KV 数据，Global KV 采取 LRU（least recently used，最近最少使用）算法对缓存数据进行清理。

9.6.3 Local Cache

Local Cache 是本地缓存存储，基于单机存储引擎实现，每台宿主机上部署一个服务实例提供服务。在边缘使用轻量级函数的场景下，MicroFunction 运行在 Runtime 内部的实例上，实例会因为一段时间未被使用而被回收，缓存的数据会随着实例的消亡而不复存在。

在传统容器场景下，部署少量的容器实例就可以承载所有请求。然而在边缘场景中，服务被分散到几百个边缘节点的 MicroFunction 上运行，后端的计算实例数量增加使得平均每个 MicroFunction 承载的 QPS 更低，加剧了缓存无法命中的状况。为了解决这个问题，我们提供 Local Cache 服务，提高边缘缓存命中率，也可用于计算过程中产生的中间产物的临时存储。

受边缘节点限制，边缘节点机型较小，计算机磁盘规格较小，同时不能保证有高性能磁盘。在这种条件受限的情况下，我们对业界常用的单机存储引擎做了对比和压力测试，包括 LevelDB、RocksDB、Badger、BoltDB。最终通过读写性能压力测试、存储写放大、多种磁盘表现整体性能等，选择 Badger 作为 Local Cache 底层的存储引擎实现。

Local Cache 与业务关系如图 9-20 所示，Local Cache 通过 DeamonSet 方式部署在边缘的每台物理设备上。MicroFunction Runtime 启动时，将 Local Cache 的 UNIX 域套接字对应的文件描述符挂载到指定路径下，业务通过提供的 Hostcall，访问 UNIX 域套接字和 Local Cache 进行通信。

根据部署方式，单机上的所有服务共享 Local Cache 的资源，包括但不局限于磁盘存储空间、CPU 等，为此 Local Cache 上提供了多租户隔离机制和 GC（garbage collection，垃圾回收）机制。Local Cache 使用单机存储引擎，不具备多副本的容灾能力，同时受单机存储的磁盘空间限制，Local Cache 对业务的存储空间有明确的要求。业务在申请 Local Cache 的 namespace 的时候，需要明确存储空间大小，同时 Local Cache 的使用上提供了 TTL（time to live，生存时间）的能力，用户的写操作需声明 TTL，并以此为依据对业务数据进行过期清理。

Local Cache 模块说明如图 9-21 所示，Local Cache 包含 Limiter 和 Checker 模块，主要负责对请求的限流和合规校验，Badger 模块负责实际的存储功能实现。

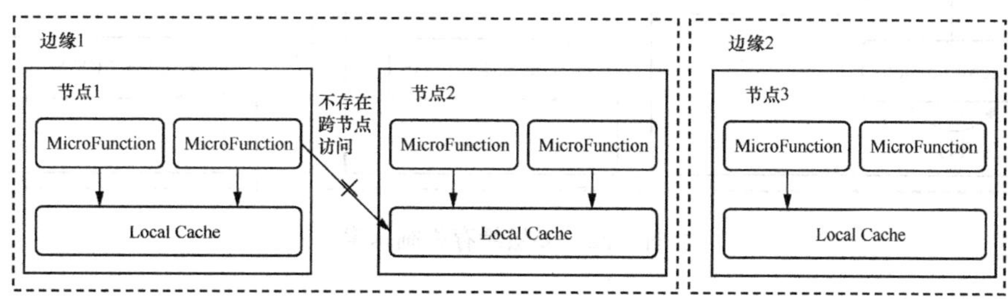

图 9-20 Local Cache 与业务关系

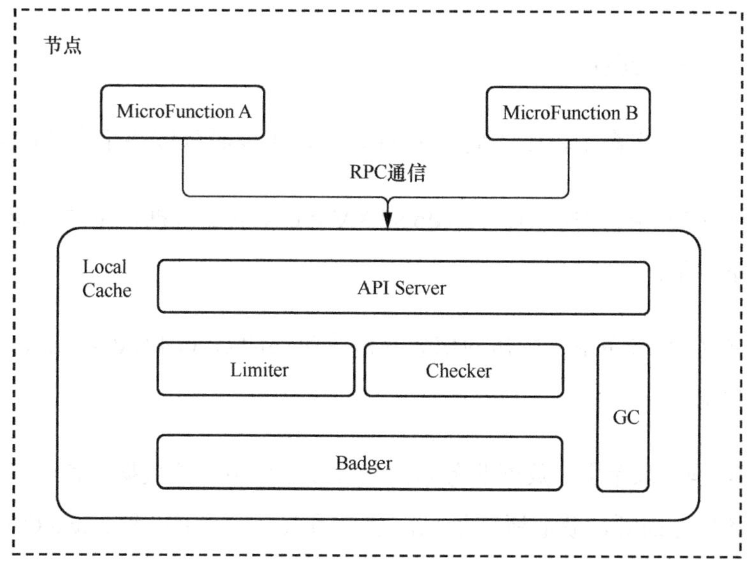

图 9-21 Local Cache 模块说明

9.6.4 多层缓存机制

在边缘计算场景中，多层缓存机制示意如图 9-22 所示，推荐用户使用多层缓存机制，以满足业务对热数据的存储需求，解决在边缘场景下所需热数据需要回源而造成的端到端的时延抖动问题。

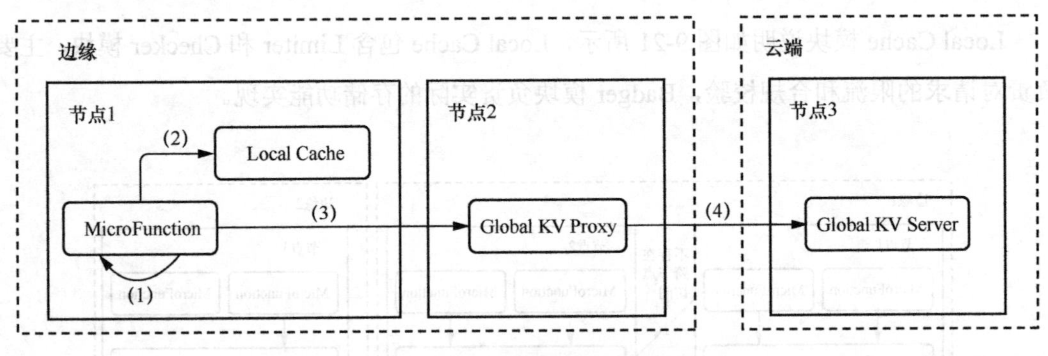

图 9-22 多层缓存机制示意

结合业务代码内部缓存+Local Cache 缓存+Global KV 存储的 3 层缓存方式，整体步骤如下：

（1）访问代码内部缓存；

（2）若步骤（1）未命中，则访问 Local Cache，主要时延取决于本地磁盘性能；

（3）若步骤（2）未命中，则访问 Global KV Proxy 的热数据，主要时延为边缘机房的内网通信的网络时延；

（4）若步骤（3）未命中，则访问部署在汇聚机房的 Global KV Server，主要时延为公网通信的网络时延；

（5）若步骤（4）未命中，数据业务未向 Global KV 中存储数据，属于第一次被访问的数据，需要业务自行回源，获取所需信息，然后写入 Global KV 和 Local Cache 中。

综上，业务可以根据需求构建多级缓存以优化业务整体响应时间。

9.7 开发者工具

在开发体验上，轻量级函数与经典 FaaS 函数相比，最大的不同是用户无法直接接触轻量级函数运行时，也无法在本地执行轻量级函数代码，给日常的开发调试带来很大不便。ByteFaaS 针对该问题，推出了代码在线预览工具和 JavaScript 轻量级函数开发工具来简化用户的日常开发流程。

9.7.1 代码在线预览工具

代码在线预览工具允许用户在发布函数之前，快速预览本地或 CloudIDE 中的函数代码，通过一条命令即可将函数代码部署至临时预览环境并生成临时调用链接，同时可在终端中实时输出函数日志，支持 WebAssembly 和 JavaScript 两种轻量级函数运行时，大致使用流程如下。

（1）安装或升级 ByteFaaS 命令行工具，命令行工具介绍可参见 3.5.1 节。CloudIDE 环境已内置 ByteFaaS 命令行工具，可跳过此步骤。

（2）创建或导入函数。对于 CloudIDE 环境，可跳过此步骤。

（3）编辑函数代码。

（4）本地用户在代码目录中执行 `bytefaas playground` 子命令，如下列代码所示。CloudIDE 用户只需单击 IDE 界面上的调试按钮，即可发布代码至临时预览环境，并输出实时日志。

（5）用户访问临时调用链接来执行函数。

```
➜ bytefaas playground
-> Packing local code...
-> Sending to playground...
-> Generated playground invoke URL:

  https://d3d000cfccbc1401006d7a706174393164.fn.example.com
```

```
-> Connecting to realtime logs...

[2021-06-21 16:54:14 +0800 CST] STDOUT - [log] Hello Playground!
(0236091a-f8de-4260-b75b-c16978c41868)
[2021-06-21 16:54:16 +0800 CST] STDOUT - [log] Hello Playground!
(dbb4063c-8ca7-4eb2-80a8-6d7abaaaccfd)
[2021-06-21 16:54:17 +0800 CST] STDOUT - [log] Hello Playground!
(3a5ec6b0-6386-4fc8-830d-12ddabe49a2c)
[2021-06-21 16:54:18 +0800 CST] STDOUT - [log] Hello Playground!
(03e6ee15-de2a-4540-94b9-a90eab01895e)
[2021-06-21 16:54:18 +0800 CST] STDOUT - [log] Hello Playground!
(99ae2124-fe6c-4336-a0b1-f89fb8c2fbf5)
```

代码在线预览工具的原理如图 9-23 所示，分为预览发布操作和调用操作两个部分。

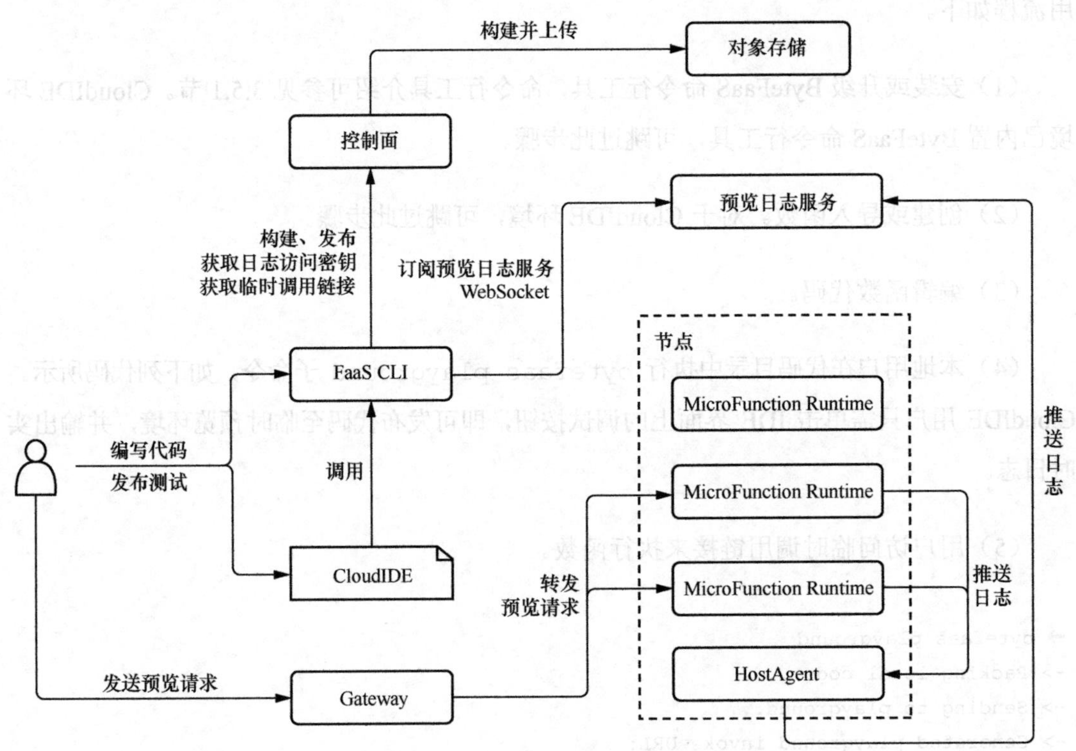

图 9-23 代码在线预览工具的原理

预览发布操作实现细节如下。

（1）用户使用 ByteFaaS 命令行工具，将函数代码提交至控制面。CloudIDE 界面上的调试按钮，实际上也是通过调用命令行工具实现的。

（2）控制面对所提交的函数代码做构建，并将产物上传至对象存储。

（3）控制面向命令行工具返回此次预览的临时调用链接和日志访问密钥。

（4）命令行工具通过 WebSocket 协议订阅预览（preview）日志服务，仅订阅此次预览的函数调用日志，使用日志访问密钥鉴权。

调用操作实现细节如下。

（1）用户访问预览发布操作生成的临时调用链接。

（2）Gateway 组件收到预览请求后，在转发请求到轻量级函数运行时前，在请求中注入预览标记。

（3）运行时将带有预览标记的请求的相关日志推送至本地的 HostAgent 组件。

（4）HostAgent 组件将日志推送到预览日志服务。

（5）预览日志服务推送函数日志到命令行工具。

9.7.2 JavaScript 轻量级函数开发工具

除了代码在线预览工具，ByteFaaS 还为 JavaScript 轻量级函数提供了另外两个开发工具，它们分别是本地 DevServer 和 Build Tools。本地 DevServer 是一个能够在本地模拟线上函数执行环境的工具，基于 Chrome 浏览器实现，可满足纯本地的调试和预览需求，支持模拟函数输入输出参数、支持模拟大部分 API、支持单步调试等。Build Tools 是一个用于简化 JavaScript 轻量级函数打包操作的工具，基于 ESbuild 封装了基本的构建流程，可将函数代码和依赖自动打包成单个 JavaScript 文件进行发布，为用户省去了给每个函数进行打包配置的过程。

9.8　本章小结

本章提出了轻量级函数概念，展示了它启动速度极快、资源开销极低的优势，并分别详细讲解了基于 WebAssembly 和 V8 的两种轻量级函数运行时的实现细节和使用方式；随后整体阐述了专为轻量级函数运行时所打造的精简架构，描述了 FaaS 在边缘场景方面所做出的初步探索，讲解了围绕着轻量级函数所构建的两种存储服务的架构设计和最佳应用实践；最后介绍了两个便于用户开发的辅助工具。

轻量级函数与经典 FaaS 函数相比，无论是在运行时技术选型还是在架构设计上，都走向了一个极端，同时使得它在某些应用场景下有着无可比拟的优势。换一个角度看，轻量级函数似乎更接近函数计算的字面含义，在很大程度上做到了函数实例只包含要执行的函数本身，而不附加额外的内容。随着 WebAssembly 等技术的发展，轻量级函数将能覆盖越来越多的业务开发需求，也许在不久的将来又能够掀起一场类似 Docker 容器的技术浪潮。

第 10 章 Serverless 在字节跳动的落地实践

字节跳动在 Serverless 领域中的 FaaS 场景规模处于业界领先水平，日均承载万亿次调用，具体的业务数据可以参考 2.3.3 节。本章将从实践出发，分享字节跳动在发展 Serverless 过程中的经验，以及针对一些具有代表性的场景做具体介绍。

10.1　突破 Serverless 资源和性能的瓶颈

FaaS 产品 pay-as-you-go 的计费模型，基本上确保了低频请求业务使用 FaaS 会获得更低成本，但是用户经常发现当请求量逐渐增多时，FaaS 的成本优势就不再明显，甚至在请求量超过一定阈值后 FaaS 反而比常态保持实例的 PaaS 或者虚拟机计费更高。原因在于，一方面，FaaS 针对请求做了更多的管控，中间会存在一些代理和管控消耗；另一方面，大多数 FaaS 产品的主流实现是单个实例在同一时间只能接收一个请求(独占模式)，对于 CPU 密集型的业务，假设单个请求能占满一个实例的资源，资源就可以被充分地利用，但实际情况是针对高并发业务的单个请求的资源消耗一般较小，此时单个实例同时只能处理一个请求的模式就存在着极大的资源浪费。

字节跳动 ByteFaaS 设计之初，主要目的是承载消息队列消费和微服务调用场景，此类业务大多具备高并发的特性，为了获得最佳的成本，突破资源和性能的瓶颈，我们采取了如下优化手段。

（1）ByteFaaS 支持单个实例可以并发处理请求的模式（共享模式），函数可以配置资源套餐以及单实例并发度，业务可以通过设置更高的单实例并发最大程度“压榨”单个实例的资源，从而减少高并发业务的整体成本。共享模式主要通过 Dispatcher 和 RuntimeAgent 两个组件来支持并发控制（具体内容详见第 4 章），整条数据链路会参考并发配置和实际的并发计数，在并发未被占满之前，提前进行扩容动作，最大程度地保证业务突增流量时的稳定性。

（2）ByteFaaS 在处理消息队列的消息时，针对高并发业务，请求将直接绕过 ByteFaaS 网关层到达函数实例。因为函数实例上有 RuntimeAgent 进程，其可以在一定程度上控制单实例的并发，接着进行有效的反馈，按需进行扩缩容，同时消费消息队列的组件也是 ByteFaaS 提供的，所以即使这部分流量没有经过 ByteFaaS 网关层，依然具备端到端的控制能力。绕过中心网关层的设计，可以让消费类业务拥有几乎无限水平扩展的能力。在字节跳动实际的业务场景中，通过 ByteFaaS 进行消费的最大业务达到了百万 QPS 量级。

（3）当 ByteFaaS 单个函数业务处理几百万 QPS 消息消费时，我们意识到此类业务大多是数据清洗业务，用户可以用代码描述消息过滤的需求，ByteFaaS 通过 Filter 插件把过滤逻辑上推到消费消息队列的触发器侧（具体内容详见第 6 章），进而最大程度地在消息源头过滤不需要的消息，极大地减少传输到函数侧的序列化和反序列化以及网络开销。同时，我们在尝试把触发器和函数实例尽可能调度在一台计算机上，使用更低损耗的 IPC 方式，达到进一步资源优化的目的。

（4）针对 FaaS 管控流量带来的代理消耗问题，ByteFaaS 在数据链路上从起初的 HTTP/1.1 升级到 HTTP/2，有效地减少了 FaaS 网关的连接数量，同时在 RuntimeAgent 进程和 Runtime 进程之间采用了 UNIX 域套接字和共享内存（share memory）的方式进一步降低了 IPC 的开销（具体内容详见第 8 章），整体上期望在流量管控和资源损耗之间寻求更好的平衡。

通过以上的优化手段，ByteFaaS 相比业界的公有云产品在处理高并发请求方面具备显著的优势，ByteFaaS 使用与 AWS Lambda 同一量级的计算机资源，承载了超过其 10 倍的请求量。

10.2 基于 Kubernetes 的云原生体系

Serverless 产品给用户提供了云原生的体验，假设产品自身也可以构建在云原生体系上，会更有利于资源的池化供给和统一调度，从架构底层到用户侧实现端到端的弹性能力。字节跳动 ByteFaaS 的所有组件都构建在 Kubernetes 之上，用户函数的计算资源也使用 Kubernetes 进行承载，如果只是简单地使用 Kubernetes 直接管理 Pod 来进行函数计算体系的建设，则无法满足生产环境对于冷启动低延迟和高可用等方面的要求。ByteFaaS 站在 Kubernetes 的“肩膀”上，重点设计和优化了如下部分。

（1）*冷启动池优化*。FaaS 常态维护了一个公共 Pod 的资源池，池内的 Pod 是使用各 Runtime 进程的统一基础镜像预先启动的，在函数实例需要冷启动的时候动态加载对应函数的代码以进行初始化操作，这种冷启动池的设计思路，使 FaaS 的冷启动绕过了 Kubernetes 启动 Pod 的过程，保障了 FaaS 冷启动的性能。在维护冷启动池实现热加载能力之外，还是用 Kubernetes Deployment 来承载稳态的函数实例，这部分的使用方法基本等同 PaaS 场景。通过冷启动池和 Deployment Pod 的结合，ByteFaaS 既具备低时延的冷启动能力，又具备承载超大规模流量水平扩展的能力。

（2）*服务发现*。Kubernetes 本身通过 etcd 组件实现 Pod 的元信息管理，通过 Informer 机制让 FaaS 控制面获得 Pod 的信息，这个过程的延迟和稳定性无法满足 FaaS 百毫秒级别的冷启动要求。因此 ByteFaaS 在 Kubernetes 自带的服务发现机制之外，额外使用 NATS 实现了一个快速的服务发现通道（具体内容详见第 4 章），使得快速启动的 Pod 可以在几毫秒内被 FaaS 相应的组件感知，整体达到端到端冷启动的低延迟。

（3）*节点控制力*。ByteFaaS 构建了一个 DaemonSet 组件 HostAgent，运行在 FaaS 运行的所有 Kubernetes 节点上，负责拉取解压代码、收集日志等（具体内容详见第 4 章）。HostAgent 组件具备节点级别的管控能力，可以在节点粒度管理共享函数代码，加速冷启动过程，同时 HostAgent 组件卸载了一些资源密集型的操作，可有效地保证函数实例的性能稳定性。另外，HostAgent 组件配合单机层面的健康监测，可以让 FaaS 更快地发现异常实例，进行快速的自动屏蔽和下线的逻辑，整体上具备故障实例的自动运维能力。

通过以上设计和优化，FaaS 构建在云原生体系上，不仅可以增强产品本身的弹性、灵活性，同时可降低迭代升级组件的运维成本。字节跳动 ByteFaaS 和 PaaS 平台共同在 Kubernetes 上构建，ByteFaaS 复用了 PaaS 产品在 Kubernetes 上的成熟生态和能力，极大缩短了 ByteFaaS 产品的建设周期，也为微服务从 PaaS 到 FaaS 的演进提供了底层基础。

10.3 触发器和自动扩缩容，承载大规模消费场景

FaaS 的灵活性能够很好地支撑业务的快速迭代，让开发者专注于自身业务逻辑的开发，避免在重复工作上耗费过多的精力。MQ 触发器整合了公司内部消息队列的接入和鉴权工作，封装了复杂的消息队列对接和处理逻辑，帮助业务实现快速开发。很多业务存在“潮汐”流量，在传统 PaaS 平台下，业务需要根据高峰流量设置资源的最大值（可能会造成大量的资源浪费）或者手动设置不同时间段的容量。而在使用 FaaS 平台时，业务只需要针对高峰流量进行预估，给出资源的扩容上限，对于波峰、波谷场景可以全部托管给 FaaS 平台的弹性伸缩系统来完成自动化的资源运维。

10.3.1 一键配置，支持活动业务的快速迭代

FaaS 平台深入参与、支持了字节跳动内部的多场活动，如抖音春节红包、抖音电商直播等。活动业务的特点是时间紧、任务多、流量大，需要能够快速支持业务迭代、测试和上线。

以活动业务中的数据同步服务为例，为了支撑某活动的上线，可能需要在短期内搭建多个数据同步链路。如果业务按照传统开发模式，自行通过消息队列 SDK 接入，仅走通整个流程可能就需要花费数天。而在 FaaS 平台，业务人员仅需要填写相应的配置即可在很短的时间内搭建一条完整的消息队列数据同步服务，即使是没有消息队列背景知识的业务人

员，也能够快速实现。

活动业务往往伴随着开发时间紧的特点，业务自身无法在短时间内用较少的人力解决诸如多机房容灾、并发控制、流量限制、失败重试等一系列问题。而 FaaS 平台的 MQ 触发器经过不断的优化、迭代，自身就拥有分布式大规模消费消息队列所需要的一系列能力。业务只需要通过简单的配置就能够获得上述能力，使用户可以将宝贵的开发精力放在自身的业务逻辑上。

流量大也是活动业务的特点之一。FaaS 平台的 MQ 触发器可以支持横向的无限扩展，无论是个位数请求的小流量场景，还是突增几百万请求的大流量场景，业务无须关心分布式架构的复杂性，FaaS 平台会屏蔽复杂性和细节，对业务透明。以抖音春节红包为例，FaaS 平台支持 20 多个活动函数在很短的时间内搭建，并且支撑了总计 500 万 QPS 级别的流量。

10.3.2 弹性伸缩，潮汐流量的省钱"利器"

潮汐流量即业务的流量会随着时间的变化出现时高时低的现象。在传统 PaaS 平台中，业务需要根据高峰流量去顶格配置资源，那么当流量不在高峰期的时候，所配置的资源就会出现大量的闲置，从而造成资源浪费。

FaaS 平台内置的弹性伸缩系统（详见第 7 章）能够自动根据业务的流量和资源负载进行弹性伸缩。当流量高峰期到来时，弹性伸缩系统自动对业务资源进行扩容，保证业务有足够的计算资源去承载高峰流量。流量高峰期过后，弹性伸缩系统自动对业务资源进行缩容，避免资源浪费。

自动扩容的前提是弹性伸缩系统对业务指标进行感知后才能进行对应的资源扩容操作，对于突发流量，仍然存在一定的滞后性。定时扩容则可以有效地解决这一问题。以电商直播为例，每次直播都存在已知的流量峰值时间段，业务通过制定对应时间段的最小资源配额，弹性伸缩系统即可在对应的时间段自动保障对应的资源量。当流量峰值时间段过去之后，弹性伸缩系统又可根据实际负载来进行动态扩缩容，以提高资源的利用率。

10.4 通用型 Serverless，多协议支持 PaaS 演进

在 MQ 触发器场景的 Serverless/FaaS 比较完善后，我们将目光转向了后端微服务体系。传统的 FaaS 平台的使用场景主要集中在两类：异步事件消费，事件驱动架构，从而打通上下游；与网关结合，快速开发 Web 应用或简单的 HTTP API。然而，我们并没有看到 FaaS 在后端在线微服务体系中的大规模应用，在人们对 FaaS 的刻板印象中，FaaS 只是事件驱动架构中连接上下游服务的黏合剂，或者用来开发“短平快”小应用的临时工具。经过思考，我们认为阻碍 FaaS 在后端微服务体系进一步拓展应用场景的阻塞点有以下这些。

（1）多协议支持：虽然用户可以很方便地基于 HTTP 开发后端 API，但是考虑到字节跳动内部基于 Thrift 协议的开发生态，HTTP 的 FaaS 服务很难在后端微服务体系中大规模落地。

（2）微服务生态：除了 Thrift 协议本身的支持，在监控、日志、服务发现等方面，FaaS 平台和字节跳动内部现存的 PaaS 平台有一定的差异。除了 RPC 协议本身，我们还需要考虑如何融入字节跳动内部一整套基于 RPC 协议的微服务生态体系。

（3）代码改造引入的开发/学习成本：虽然 FaaS 提供了简便的 handler 接口，然而业界 FaaS 的产品、项目并没有形成开源的接口规范，不同 FaaS 平台接口定义差异较大。另一方面，很多框架本身提供了方便的脚手架代码生成工具，其开发效率并不比 FaaS 平台的低。

（4）性能方面的顾虑：与传统 PaaS 平台相比，为了实现弹性伸缩，FaaS 平台在数据链路上引入了中心化的流量调度网关 Gateway 组件，在容器内也引入了一层代理 RuntimeAgent 进程来负责数据转发和流量控制。额外的网关、代理对性能和稳定性提出了更高的要求。

下面将介绍，字节跳动基础架构函数计算团队针对这些阻塞点曾经做过的尝试。

10.4.1 早期尝试：基于 HTTP 的 Thrift RPC

早期为了能够基于现有的 FaaS 平台架构支持 Thrift RPC，我们与字节跳动的框架研发

团队合作，推出了一种基于 HTTP 运行 Thrift RPC 的方案。

（1）字节跳动的框架研发团队将内部 Thrift RPC 框架进行拆分改造，将内部 Thrift RPC 框架的传输层剥离（可替换插拔）。上层框架负责请求的序列化、反序列化，以及最终用户业务逻辑的执行；底层可以适配不同类型的传输。

（2）用户开发 FaaS 函数，依旧遵循 FaaS 平台的 handler 规范，将 handler 接口接收到的请求 Payload 传递给上层框架代码。

这套方案推出后取得了一定的效果。然而在后期的维护运营过程中也确实碰到如下一些问题。

（1）**学习成本高**：用户需要同时学习框架开发规范和 FaaS 平台开发规范，相比原生的 FaaS 应用或 Thrift RPC 服务，上手门槛更高。

（2）**排查错误困难**：因为实际运行的代码是 FaaS 平台的运行时与 Thrift RPC 框架的结合，往往需要花更多的时间来定位错误到底是出在 FaaS 运行时，还是 Thrift RPC 框架层。

（3）**用户接受度低**：基于 HTTP 开发 Thrift RPC，还是显得有些“不伦不类”，因为需要做额外的适配，用户认为 FaaS 平台在 Thrift RPC 生态中是“二等公民”，Thrift RPC 用户还是会倾向于选择传统的 PaaS 平台。

10.4.2 原生支持：与周边团队深度合作，打通 RPC 生态

基于第一次尝试，我们意识到，如果想要在后端微服务体系推动 FaaS 的落地，FaaS 平台必须原生支持 RPC。这里原生的概念如下。

（1）支持原生的 RPC 协议，不用引入代码层面的协议转换。

（2）支持运行原生的框架代码，RPC 用户不用额外学习 FaaS 平台的开发规范来做额外的代码适配，一套代码可以同时运行在 FaaS 平台和 PaaS 平台上。

（3）贴近原生的性能，减少流量调度引入的额外性能损耗。

经过和框架研发团队、服务网格研发团队进行深度讨论后，一套完整的方案如下。

（1）RPC 协议支持：FaaS 平台支持 gRPC 和内部 Thrift RPC 传输协议 TTHeader。

（2）开发体验对齐：针对无状态服务，开发体验贴近 PaaS 平台，支持自定义运行时、自定义端口、自定义命令等，对齐无状态 PaaS 服务开发。

（3）内部 RPC 传输协议统一：框架研发团队推动多语言框架对 Thrift 传输协议的支持，同时针对请求 FaaS 函数流量做统一的协议转换。

（4）性能深度优化：数据链路针对函数运行时、Sidecar 代理进行深度优化，以减少损耗。

10.4.3　进一步发挥 FaaS 优势，RPC 与事件驱动架构结合

在完整支持 RPC 生态的基础上，FaaS 平台进一步提供了功能上的优势：结合 FaaS 平台的事件驱动能力，我们可以进一步丰富 RPC 生态体系。针对 RPC 服务，我们基于 RPC IDL 定义了新的消息格式，RPC 用户也可以对接 FaaS 平台的消息事件源，一套代码可以同时处理在线的 RPC 请求和异步事件，在 FaaS 平台上一站式构建在线和离线相结合的复杂系统。

10.5　轻量级函数，打造云边一体架构

ByteFaaS 采用进程内隔离手段打造了具备毫秒冷启动速度和极低资源开销的轻量级函数，对时延敏感、成本敏感或有突发流量的业务非常友好。同时，在轻量级函数基础上构建的云边一体架构，可以很好地满足用户对边缘部署和云边通信方面的需求。下面通过两个典型场景，展示轻量级函数在实际业务中的应用。

10.5.1　收敛长尾函数，承载突发流量

前端业务的流量大小有很大的不确定性，可从两个角度来看：一是不同函数间的对比存在很大差异，有个位数 QPS 的函数，也有几千、几万 QPS 的函数，还有些函数几天才

被访问一次；二是同一个函数在不同时间段的访问需求不同，波峰、波谷的差值较大，在很多情况下流量是突发到达的，需要进行快速扩容。在运行时方面，前端函数通常使用 Node.js 开发，依赖包较大，导致函数启动时下载代码时间较长，冷启动慢。更有甚者，当函数预热池被耗尽时，容器和 Node.js 进程的启动时间也会包含在冷启动时间内，给函数请求带来长达数秒甚至数十秒的启动时延。由此带来的典型问题如下。

（1）对于流量小的长尾业务，如果不预留函数实例，容易导致冷启动，函数时延非常不稳定；如果预留实例，一是会造成系统资源浪费，二是用户需要为空运行的函数实例付费，徒增使用成本。

（2）对于有突发流量的业务，例如红包活动、新闻热点事件等业务函数。这类业务的特点是单个请求业务逻辑相对简单，函数执行耗时很短，但是对请求时延敏感，无法接受因冷启动或实例扩容带来的请求时延抖动。此类业务在使用 PaaS 平台或 FaaS 平台部署时，通常需要预估请求量，采用预留实例的方式提前进行扩容。但是这种提前扩容的方式并不十分好用，由于很难准确预估请求量，因此很难把资源需求预估准确，从而陷入扩少了则影响服务、扩多了则浪费资源的窘境。另外，如果真的在毫无准备的情况下遇到了突发热点事件，会让系统“措手不及”。

轻量级函数方案非常适合上述的问题场景，彻底为用户屏蔽了运维细节。长尾业务迁移到轻量级函数后，无须预留实例，也无须担心冷启动带来的请求时延影响。在突发流量场景下，轻量级函数凭借毫秒级别的实例启动速度可以让函数冷启动和扩容做到用户无感知，进程内隔离的方式也让单个函数实例的资源开销降到最低，用户能够从容地应对突发流量。用户侧除了开发运维负担降低，函数的使用成本得到了优化，账单费用得到了缩减。

从实际应用效果来看，目前轻量级函数日均 QPS 为 2 万多，峰值 QPS 为 8 万多，WebAssembly 函数的冷启动时间在 1ms 内，V8 函数的冷启动时间在 10ms 内。

10.5.2 边缘业务上线

与此同时，轻量级函数也可以部署在资源规模较小但更贴近用户的边缘节点之上。目前字节跳动在边缘共铺设了 300 多个边缘节点，覆盖国内的所有省份以及主要运营商。单个边缘节点的容量，可以承载 2000 CPU 核心左右的算力。全网 ping 延迟，基本为 8ms 左右，全网 HTTP 测试延迟，基本为 25ms 左右。

以抖音某服务为例，原来暴露服务的方式是通过接入 CDN 动态加速，回源到云端。在此场景下，统计 30 万次的请求数据，仅有 0.07%的端到端延迟在 50ms 以内，并且这类请求基本来源于云端机房所在的城市，8.9%的请求延迟小于 100ms，绝大部分的请求延迟为 100ms～300ms。

为不断优化客户端效果，业务上线边缘请求链路关系如图 10-1 所示，通过引入 GTM，切换 DNS 解析权重的方式，业务方可以通过如下步骤将服务无缝搬迁到边缘 FaaS 上。

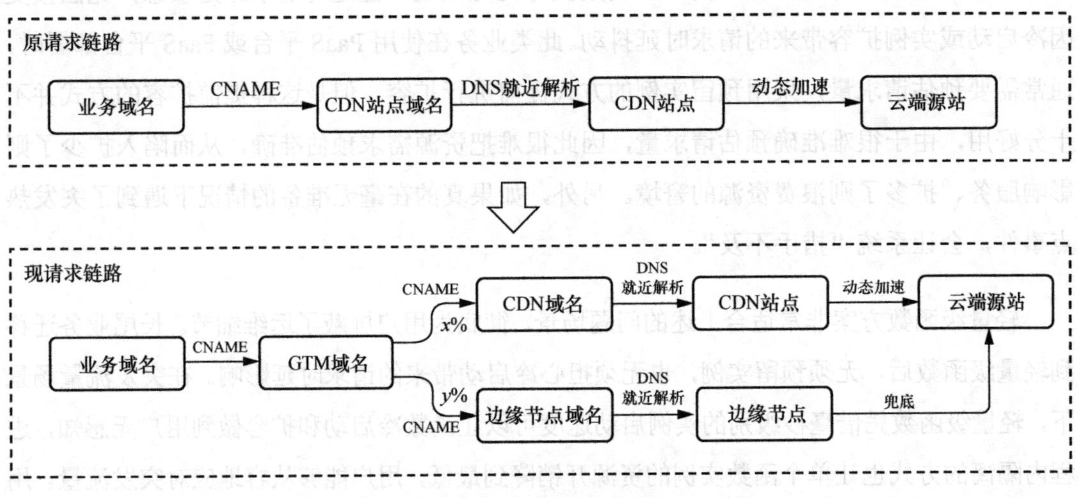

图 10-1　业务上线边缘请求链路关系

（1）业务在 GTM 平台创建 GTM 实例，将 GTM 实例的 CNAME 地址配置成 CDN 动态加速的回源地址和 FaaS 边缘计算的域名，并将边缘节点域名的权重设置成 0。

（2）业务将原域名 CNAME 到 GTM 实例的域名上，整体多了一层 CNAME 解析，后端承载服务不变。

（3）业务将代码发布到边缘节点，同步域名证书到边缘平台，然后进行测试，确认可承载的生产流量。

（4）调整 GTM 实例下游多个 CNAME 记录的解析权重比例，将云端的生产流量逐步切流到边缘机房。

通过以上步骤，逐步将云端流量切流到边缘机房。上线后进行数据采样，整体端到端延迟降低约 60%，99 分位的时延为 80ms 左右，极大地优化了客户端的体验效果，大幅减少了页面加载时间。

10.6 本章小结

本章通过介绍字节跳动 ByteFaaS 在实战中的经验，呼应了前面章节中的技术能力，希望读者可以从字节跳动 ByteFaaS 点点滴滴的实践经验中，收获一些经验或者教训，在未来使用 FaaS、建设 FaaS 平台的时候作为参考。我们只是抛砖引玉，期待在未来可以看到大家更多的实践分享。

第 11 章 Serverless 展望

在计算领域，云函数和面向应用框架的 Serverless 平台的发展演进路径逐渐清晰；在存储领域，计算与存储分离的架构设计、存储的云原生进程，也基本刻画了存储领域往 Serverless 方向发展的路径，产生了对象存储这类具备代表性的 Serverless 产品。着眼当下，Serverless 仍然有一些痛点需要攻克，正是这些不足之处，引发了我们对 Serverless 的展望和思考。本章我们将尝试从工业界和学术界角度展望 Serverless 未来的工作重点和发展方向。

11.1 规范标准

随着 Serverless 的蓬勃发展，诞生了许多开源项目和云产品，针对其中具有代表性的项目我们在第 2 章中做了具体的介绍，各 Serverless 产品的发展虽说给行业源源不断地注入了新的活力，但同时带来了一些标准不统一的问题，用户面临着厂商绑定的问题。

为了规范标准，云原生的标准化组织 CNCF 成立了 Serverless 工作组，发布了 Serverless 白皮书，收集了一些产品和项目组合成 Serverless 领域蓝图。在标准的定义上，已经有不少项目崭露头角，例如 CloudEvent 是一个 CNCF 项目，期望规范事件的格式，目前开源项目 Knative 已经实现对 CloudEvent 的支持。事实上，Knative 也逐渐成为 Serverless 工作负载的定义标准，基于 Knative 接口构建的 Google Cloud Run 云产品也有对 CloudEvent 的支持，用来规范对接多种事件源。另外，对于组合多个 Serverless 算子的工作流，CNCF 也有相关的定义标准，即 Serverless 工作流标准（Serverless Workflow Specification），同时我们也看到了像 Ray 这样的 Serverless 项目在尝试定义 Serverless 面向云编程的接口。

对于 Serverless 行业的标准定义，仍在持续发展和塑造中。总之，规范标准的定义不是一朝一夕可以完成的，但是其重要性不言而喻。在核心的规范标准定义之后，整个 Serverless 领域会呈现更加有序的发展势头，而且用户构建的技术栈可以在多云之间灵活迁移，没有厂商绑定的顾虑，可以进一步助推各大 Serverless 厂商构建公平、透明的竞争环境，对整个 Serverless 行业有利。

11.2 通用型 Serverless

Serverless 当下使用 FaaS+BaaS，已经解决了无状态计算和事件触发领域的大部分问题，放眼未来，Serverless 的发展目标是支持更多的场景和多样的应用负载，成为云计算默认的计算范式。目前在特定领域构建独立的技术解决方案，例如无状态可伸缩计算领域有 FaaS，大数据流式计算领域有 Flink，大数据批式计算领域有 Spark，机器学习领域有 PyTorch、TensorFlow 等，这是当下技术和团队组织的构建形式。我们不禁会想，是否有一种针对基础设施的解决方案，可以做进一步的抽象和整合，把分布式计算和存储资源整合成一套核心能力，提供给上层各类应用使用，进而实现统一调度、数据打通、细粒度并行支持等功能，在一些融合场景做到端到端的整体优化。

2021 年 5 月，加州大学伯克利分校的图灵奖得主戴维 • A.帕特森（David A. Patterson）和伯克利 AMPLab 主任、Spark 共同创始人杨 • 斯托伊卡（Ion Stoica）等发表了一篇文章“What Serverless Computing Is and Should Become: The Next Phase of Cloud Computing”，提出了通用型 Serverless（General-purpose Serverless）的概念，文章中对比了应用型（Application-specific）和通用型（General-purpose）形态，如图 11-1 所示。

作者认为应用型是目前 Serverless 的主流形态，基础平台抽象了 FaaS，把各种能力针对领域场景分别实现的 BaaS，组成了当下的 Serverless 产品格局。作者构想未来的建设方向是通用型 Serverless，类似对单机而言，编程高级语言隐藏了 CPU 指令、存储单元操作等细节，Serverless 也需要构建一个可靠、可扩展、安全的分布式系统，把集群资源统一提供给上层平台使用。在图 11-1 中，通用型 Serverless 将底层的计算和存储抽象成两个产品，即加强版云函数和对象存储，在此基础架构上封装如分析型、流式计算、数据库等中间层，然后在中间层上继续构建最终应用产品。云计算的目标是期望提供更低成本和更高扩展性的资源供给、更加简单的自动化运行环境，Serverless 致力于成为云计算下一步的演进阶段，通过构建通用型 Serverless 的基础能力，加上云编程的范式，期望云计算基础设施可以类似模拟单台计算机的功能提供计算和存储能力，支撑无状态、有状态程序可以自动、并行地在多云环境中执行，充分地利用异构资源，进一步增强融合优势。

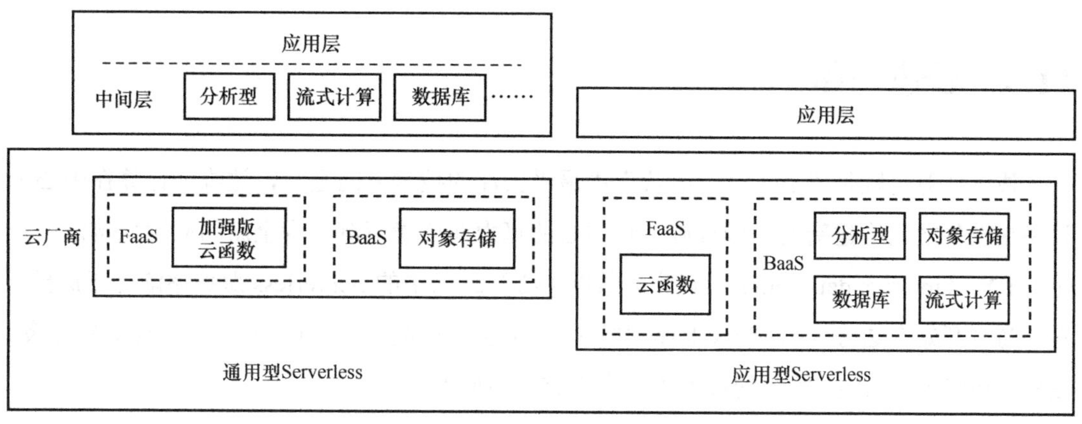

图 11-1 应用型和通用型形态对比

通用型 Serverless 的愿景是描绘一个上层视角的美好蓝图，其中隐含着对底层基础能力支撑的需求。业界对于 Serverless 技术的探索和挑战时刻存在，包括如下部分。

（1）*冷启动影响*。传统的稳态应用，基本在承接流量前就已经按照规划的容量阈值提前把资源和实例准备好了，所以之后接收业务流量的性能表现基本比较稳定。对于 Serverless 领域，实例的产生和销毁是一个应用运行中的常态，拉起一个新实例的过程称为冷启动，冷启动的时效性和成功率对于业务流量的承载稳定性至关重要。在优化冷启动方面，镜像代码分离、代码延迟加载、P2P 二进制分发、进程克隆、运行时精简、进程隔离方案等是一些已知的努力方向。在 Serverless 上构建的应用需要更加稳定的性能表现，减少自动扩缩容的毛刺影响，这是吸引更多应用开发者使用 Serverless 的一个重要前提。

（2）状态管理。构建一些复杂的应用时，会涉及一些中间数据的共享和传输，虽然云函数可以在单实例内部的内存和存储上暂存数据达到缓存的效果，但是涉及多实例之间的状态共享和数据存储时只能依赖一些外置的存储，例如用数据库或者对象存储系统来解决。是否能有一个状态管理系统满足低延迟、细粒度控制、高可用、高吞吐、低成本等特性，已经成为目前工业界和学术界探索的一个重要方向，在这些看似矛盾的词语背后需要网络、存储、架构技术的进一步迭代才能达到最终目标。在未来，如果 Serverless 产品具备灵活、高效的状态管理能力，就可以极大地赋能更多类型的负载使用 Serverless 的范式来进行构建。

11.3　云边一体

边缘计算无疑是“后云计算时代”中最受关注的技术方向之一，边缘云计算在中心云和终端设备之间构建新的基础设施，让中心的算力向边缘下沉，为全新的应用架构赋能。随着 IDC（internet data center，互联网数据中心）或云中的 Serverless 服务逐渐趋于成熟，各厂商也开始在边缘 Serverless 上加大投入，甚至尝试打造云边一体的 Serverless 解决方案。在构建边缘 Serverless 服务的过程中，会面临如下问题。

（1）函数运行时支持：边缘场景的计算资源十分受限，传统的基于虚拟机或容器的应用隔离方式不再适用，采用进程内隔离技术的轻量级运行时由于资源开销低而备受追捧。然而新型的进程内隔离方案却有着隔离性相对较差、兼容性差、运行时能力不足等缺点，其应用场景仍然比较受限，还需持续演进。但随着 WebAssembly 技术的发展，例如 Module Linking、Multi-Threading 以及各语言支持的不断完善，相信 WebAssembly 在轻量级运行时方向可以取得更大的突破。

（2）边缘运维：边缘机房数量众多，可轻松达到成百上千的规模，传统中心 Serverless 架构无法满足“边缘时代”下的管控需求，需要新的系统架构设计来应对边缘机房管理、函数发布、日志监控采集、安全风险等各方面的挑战。除了机房数量“爆炸式”增长，边缘机房与中心机房间的网络环境还相对较差，边缘元数据同步和指令下发存在不可靠性，边缘内自洽和故障自恢复能力显得尤为重要。

（3）*全局流量调度*：边缘 Serverless 的核心优势之一是支持请求流量的就近调度，即调度用户请求至离终端最近的边缘机房进行处理。这就要求平台方对各边缘节点拥有全局视角和本地视角，以最优的决策实现高质量、低成本、低时延的边缘通信，在最大程度上优化终端请求效果，同时要求对机房故障能够做到快速感知和迅速切换。

（4）*云边协同*：边缘机房不是孤立于中心机房存在的，部署在边缘的函数业务也不例外，用户在函数代码中通常希望在边缘访问位于中心机房的内部服务。Serverless 平台需要为用户搭建云边通信的“桥梁”，让用户可以在边缘机房几乎无感知地接入中心机房的服务，另外，云边通信的通道架设在公网之上，通信加密和数据安全也需要着重考量。

（5）*周边服务*：云边通信桥梁并不能解决所有问题，假如函数依赖的外部服务全都位于中心机房，边缘 Serverless 的意义将大打折扣。所以除了打造适用于边缘的轻量级运行时，Serverless 平台方还需要构建适合边缘的各项其他服务，尽量让所有操作都在边缘机房内完成，例如 9.6 节中讲述的 Global KV 和 Local Cache 服务。

边缘 Serverless 服务尝试改变用户的架构思维，并且试图在不大幅改变用户开发习惯的前提下，让用户能够轻松利用云边一体架构开发出边缘应用，使过去难以实现的低时延业务需求成为可能。相信在云厂商和开源社区的共同努力下，边缘 Serverless 可以在不久的将来像中心 Serverless 一样，承载越来越丰富的业务场景。

11.4　本章小结

本章从 Serverless 的规范标准角度列举了一些项目，介绍了社区的推进节奏和步伐，阐述了制定标准的重要性；同时结合通用型 Serverless 的愿景，提出希望面向云编程的接口可以把分布式资源进行抽象，进而达到不同引擎融合的高度优化；最后列出了 Serverless

存在的技术挑战和探索方向，表达了对云边一体架构的展望。

云计算把计算机、网络等资源池化进行统一售卖，用户整体仍感知参与了服务器的供给和编排，上云使得整个过程具备更好的时效性和扩展性，我们可以称之为 Serverful 阶段。近些年，随着函数计算、对象存储、大数据查询分析引擎等 Serverless 技术的发展应用，Serverless 的理念已经逐渐被市场接受和认可，充分的弹性伸缩和按需使用是大势所趋，我们一起期待 Serverless 逐步开启云计算的“下半场”吧！